U0311808

民用建筑氡防治技术

陈泽广　陈松华　王喜元　刘　丹　等著

中 国 计 划 出 版 社

图书在版编目（CIP）数据

民用建筑氡防治技术/陈泽广等著．—北京：中国计划出版社，2015.9

ISBN 978-7-5182-0229-4

Ⅰ.①民…　Ⅱ.①陈…　Ⅲ.①民用建筑－氡－污染控制

Ⅳ.①X799.1

中国版本图书馆CIP数据核字（2015）第198055号

民用建筑氡防治技术

陈泽广　陈松华　王喜元　刘　丹　等著

中国计划出版社出版

网址：www.jhpress.com

地址：北京市西城区木樨地北里甲11号国宏大厦C座3层

邮政编码：100038　电话：（010）63906433（发行部）

新华书店北京发行所发行

北京天宇星印刷厂印刷

787mm×1092mm　1/16　11.5印张　185千字

2015年9月第1版　2015年9月第1次印刷

印数1—3000册

ISBN 978-7-5182-0229-4

定价：32.00元

《民用建筑氡防治技术》著作委员会

前　言

《民用建筑氡防治技术规程》（以下简称“规程”）JGJ/T 349—2015，经住房城乡建设部2015年2月5日以第746号公告批准发布。

本规程制定过程中，编制组进行了大量的调查研究，总结了近年来国内氡防治的实践经验，同时参考了发达国家氡防治的成功案例，调研了国外先进技术标准，并进行了多项试验研究和实地调查，为“规程”的制订提供了重要技术依据。本规程与现行国家标准《民用建筑工程室内环境污染控制规范》GB 50325（以下简称“规范”）总体保持一致，是“规范”在防氡降氡方面的延伸、深化和细化，比“规范”要求的更具体，可操作性更强，并在“规范”基础上增加了城市建设中民用建筑防氡降氡方面的规划要求，以及民用建筑工程降氡治理方面的内容。

“规程”细化内容有：

1．提出了在城乡建设规划时，应进行土壤氡浓度调查，为建筑选址提供前期指导并为后期建筑设计提供依据；

2．“规程”将工程场地土壤按土壤氡浓度（或土壤表面氡析出率）高低分成四类，要求设计时根据土壤的类别分别采取氡防治工程设计，对于高土壤氡地区提出了适合我国建筑物特点的综合氡防治工程设计方案，弥补了目前国内综合建筑构造防土壤氡措施的空白；

3．“规程”对建筑物接土地面的设计与施工提出了具体的要求，对空心、孔隙建筑材料（装修材料）氡析出率提出了更为严格的限值，这将对降低室内氡浓度、保障人民群众身体健康发挥作用；

4．“规程”对建筑物地下氡防治工程设计施工明确了具体技术指标，提出了防氡涂料性能要求，同时提供了防氡涂料性能测试方法，这将有利于细化防氡工程的施工工艺；

5．“规程”对工程验收检测时Ⅰ类民用建筑工程中的幼儿园、中小学教室和学生宿舍、老年人居住建筑提出了更为严格的限量值要求，以及“确认室内氡浓度超标”测量程序，这对于判定室内氡浓度是否超标更为科学；

6.“规程”根据室内氡浓度超标的可能原因，提出了可采取的治理措施，并提供了降低室内氡浓度的通风量参数，这为已经确认超标并需要治理的工程提供了简便的处理方案和方法。

为便于广大设计、施工、科研、教学培训等单位有关人员在使用“规程”时能正确理解和执行条文规定，《民用建筑氡防治技术规程》编制组按章、节内容编写了本书，以期对条文规定的目的、依据以及执行中需要注意的有关事项进行深入解读。本书由多位“规程”参编人员合作完成。

需要说明的是，由于本书编写时间仓促，难免有疏漏和不当之处，敬请读者批评指正。

陈泽广
2015.7

目　录

第一章
“民用建筑氡防治技术规程”编制背景及内容要点

第一节 “规程”编制背景

一、关于氡

氡是一种天然存在的放射性惰性气体，广泛存在于我们日常生活环境中。据研究表明，氡污染在肺癌诱因中仅次于吸烟，排在第二位，是世界卫生组织（WHO）公布的19种环境致癌物质之一，国际癌症研究机构（IARC）将氡列入室内重要致癌物质。

世界上许多国家开展了国家规模的室内氡综合调查。瑞典、美国、英国和欧共体等国家或组织均已组织制定了国家氡计划。1979年瑞典开始执行氡计划，综合调查了全国约10%的房屋，并采取了相应的降氡措施；美国20世纪80年代后，在广泛进行室内氡、土壤氡综合调查的基础上，绘制了美国氡地质填图。

二、为什么编制《民用建筑氡防治技术规程》

我国以往的工程氡防治研究很少，缺乏经验积累。因此，在现行国家标准《民用建筑工程室内环境污染控制规范》GB 50325中，所提出的住宅综合氡防治措施全部照搬美国标准执行。但实际上，我国的住宅形式与美国等发达国家有很大不同：

第一，西方发达国家的住宅多为低层别墅建筑，内部上下层之间相互连通，“烟囱效应”突出，土壤氡影响范围大；我国多为多层、小高层、高层建筑，“烟囱效应”微弱，土壤氡影响范围有限。

第二，西方发达国家的住宅建筑多为木结构，多使用不释放氡的木材或其他有机材料制品、金属制品，房屋坐落在混凝土底板基础上，室内氡主要来自土壤氡的渗入；我国住宅多为混凝土结构或砖混结构建筑，三层以上室内氡基本上产生于墙体、楼板等建筑材料。

第三，西方发达国家的住宅建筑虽多为自然通风，但暖通空调均有完备的设计，在门窗密闭情况下，有方便的机械动力通风设施，或有简易可调控的自然通风条件，根据住户需要，可保证室内通风；我国住宅虽然同样多为自然通风，但对室内机械通风设计的要求很少，除对开窗设计有面积要求外，基本上无其他措施保证室内通风。

我国城市住宅的特点与我国人口众多、土地资源有限，又处于快速发展阶段有关。因此，虽然国外有许多建筑物室内氡防治的研究和标准可以参考，但我国仍有必要根据自己的国情进行室内氡研究，诸如研究我国室内氡受土壤氡影响、室内氡受建筑材料氡释放影响、室内氡与通风的关系等方面的具体情况，在此基础上，编制适合于我国国情的建筑物室内氡防治标准，以便实实在在改进我国的防氡降氡工作。

三、《中国室内氡研究》课题成果为“规程”编制提供了技术支撑

2003—2005 年国家建设部组织进行了全国性的第一次土壤氡浓度综合调查，统计出中国土壤氡平均浓度为 $7300Bq/m^3$，绘制了第一张全国土壤氡浓度分布图，开始了中国土壤氡研究的第一步。

以此为基础，在国家“十一五科技支撑计划”支持下，于 2007—2010 年开展了《中国室内氡研究》工作。该课题以我国民用建筑（特别是住宅）的特点为研究方向，主要研究了以下五个方面内容：

1）10 城市住宅室内氡实地综合调查。

综合调查研究内容一：周期一年的室内氡浓度综合调查；

综合调查研究内容二：建筑物周围土壤氡浓度测量；

综合调查研究内容三：RAD7 连续 48h 室内氡浓度测量调查；

综合调查研究内容四：城市区域性土壤氡浓度调查。

2）研制3浓度组合式标准氡室。

3）研制室内氡—土壤氡、室内氡—建筑材料、室内氡—通风模拟实验装置。

实验装置1：土囤—模拟建筑物氡实验装置（可进行土壤氡影响实验）；

实验装置2：氡实验房模拟实验装置（墙体材料及通风实验）；

实验装置3：建筑材料氡析出率测试箱。

4）利用系列实验装置进行室内氡影响因素模拟实验研究。

5）开展防氡降氡示范工程（科研成果应用及推广）。

该课题主要研究结论有：

1）目前我国住宅室内氡浓度水平为36.1Bq/m³。全国10城市周期1年的室内氡浓度全年平均值（径迹片法）为36.1Bq/m³，浓度范围在10Bq/m³~203Bq/m³之间，其中：浓度超过100Bq/m³的23户（3个月测量值与12个月测量值均计入），占被调查总户数的3.3%；超过150Bq/m³的7户，占被调查总户数的1.0%；超过200Bq/m³的1户，占总户数的0.14%。

2）城市综合调查显示：土壤氡渗入是建筑物低层室内氡的主要来源之一。8个城市涉及698户、326座建筑物的室内氡浓度—土壤氡浓度关联性调查结果汇总在表1-1中。从汇总数据可以看出，室内氡浓度—土壤氡浓度之间均存在关联性。

表1-1　城市室内氡—土壤氡关联性调查数据汇总

项目 城市	被调查住户室内氡平均值（Bq/m³）	室内氡与建筑物周围土壤氡相关系数	备　注
乌鲁木齐	55.4	0.58	
厦门	31.1	0.53	
深圳	35	0.59	11栋建筑物室内氡—土壤氡具有相关性
徐州	42	0.22	
西宁	67.4	—	
昆山	25.6	0.90	
诸暨	24.5	0.16	
苏州	19	0.54	

由于影响室内氡浓度的因素很多，而土壤氡只是其中的一个，加之各地气候、使用的建筑材料、门窗材质、居民生活习惯等差别很大，调查的样本量及代表性有限，因此，计算出的 8 个城市室内氡浓度—土壤氡浓度的相关系数尚存在一些变数。但无论如何，调查显示土壤氡对室内氡水平的影响是肯定的，这一认识将有助于我们编制防氡降氡规程。

3）近地密闭空间空气氡浓度极高。露天地面被架空层覆盖前后近地空间空气氡浓度变化模拟测试表明：近地空间空气氡浓度在短时间内会呈现线性增加趋势（几小时以上），然后将渐趋饱和。期间，浅层土壤氡浓度同步稳定增加，并趋向深部氡浓度，近地空间空气氡浓度趋向土壤氡浓度值。在土囤—模拟房实验装置实验研究中，近地空间空气氡浓度甚至达到数万 Bq/m^3。这一实验结论是：试图以密闭空间方式隔离土壤氡影响的设计方案必须同时考虑密闭空间的通风措施，否则会影响隔离效果。

4）露天地面被混凝土覆盖后浅层土壤氡浓度会多倍增加。露天地面被混凝土覆盖前后浅层（如表面下 50mm）土壤氡浓度变化测试表明：土壤被混凝土覆盖后，浅层不同深度土壤的氡浓度均在迅速增加：表层增加更为迅速、明显，并且，表层土壤氡浓度与深部土壤氡浓度有逐渐接近趋势。因此，有些地方在构筑建筑物前，土壤氡浓度不高，人们往往容易忽视其影响，待建筑物建成后发现有土壤氡渗入，感到不可思议，其实此时的土壤氡浓度早已不是土壤裸露时的情况。

5）封闭状态下土地面建筑物室内氡浓度可急速上升。土地面模拟建筑物封闭状态下室内氡浓度测试表明：实验开始后，土地面模拟建筑物内氡浓度随时间增加迅速，逐渐趋于饱和，并与土壤表层的氡浓度接近一致。也就是说：在周围地面硬化、阻断土壤氡向空气中释放的条件下，土地面房屋内氡浓度会持续增加，直至逼近土壤中氡浓度值。上述实验结论告诉我们：从防治氡危害角度看，在无良好通风情况下，应尽量避免居住土地面的房屋或窑洞。

由于土地面平房、土窑洞等容易建造，因此，在我国北方山区曾经广泛存在，特别是那些下沉式窑洞式院落（地下四合院），阴暗封闭、通风较差，现在有些地方仍在使用，这类房屋普遍存在室内氡浓度超标的可能，值得关注。

6）普通砖地面对土壤氡几乎无阻挡作用。普通砖地面模拟建筑物封闭状态下室内氡浓度测试研究表明：实验开始后，砖地面房内氡浓度随时间增加迅速，之后稍有增加，趋于饱和，并与浅层土壤氡浓度接近，也就是说，在周围地面硬化、阻断土壤氡向空气中释放的条件下，简单砖地面房屋土壤氡对室内氡影响与土地面房屋差不多。我国城乡曾经广泛存在砖地面平房建筑，现在有些地方仍有存在。从防治土壤氡危害角度看，由于砖铺地面缝隙很多，土壤氡通过缝隙大量涌入，表现出砖铺地面几乎丧失阻挡土壤氡渗出的能力。因此，在无良好通风情况下，应尽量避免简单砖铺地面房屋。

7）混凝土地面的缝隙、孔洞会成为土壤氡大量涌入室内的通道混凝土地面（厚度 30mm、墙角有伸缩缝）模拟建筑物封闭状态下室内氡浓度测试研究表明：实验开始后，房内氡浓度随时间增加迅速，之后稍有增加，似趋于饱和，并与浅层土壤氡浓度接近。

此时房屋内的氡有三个来源：

①房屋建筑材料自身的释放（约为总量的 1/10）。从建筑材料的氡析出实验可以做出这样的估计：一般情况下，密封建筑物室内由建筑材料产生的室内氡浓度在几百 Bq/m^3 量级，最高可达几千 Bq/m^3 量级（难以达上万 Bq/m^3）。

②土壤氡的渗透。土囤实验资料已经表明，透过约 30mm 厚混凝土的氡为室内氡总量的很小部分（混凝土厚度大，则透过的部分将更少）。

③土壤氡通过模型房混凝土地面裂缝的涌入。可以认为，此部分是造成室内氡浓度达到数万 Bq/m^3 的主要原因。也就是说，混凝土地面如果有裂缝，土壤氡将会通过裂缝涌入室内，严重时，如同混凝土地面对土壤氡几乎没有阻止作用一样。反过来可以推断：按照一般建筑材料释放氡的情况分析，如果发现密封建筑物室内氡浓度达到上万 Bq/m^3，即可说明土壤氡已经进入室内。

在我国，没有地下室的建筑物室内地面一般的施工过程是：房屋主体建成后，在一楼夯实的土地面上铺一定厚度的混凝土，表面抹平或铺贴面层材料即告完工。这样形成的地坪出现裂缝是难免的，地坪与墙体夹角间出现裂缝更是普遍的，这些裂缝多数是水泥凝固过程中出现的收缩缝。然而，哪怕裂缝很小，正是这些“收缩缝”成为土壤氡涌入的通道。

因此，从防治土壤氡危害角度看，民用建筑设计时要采取有效措施，并在施工时不允许混凝土地面出现裂缝，出现裂缝要进行有效封堵。

8）土壤氡对建筑物内的影响主要在三楼以下。模拟建筑物一层顶板有裂缝（孔洞），且一层及二层封闭状态下二层室内氡浓度及一层室内氡浓度变化测试研究表明：①虽然一层的室内氡通过顶板孔洞或裂缝（很小）会向上部空间扩散，但建筑物一层的氡浓度仍呈现基本持续稳定上升，逐渐趋于饱和，饱和浓度与顶板未开孔的情况相比无明显下降，也就是说，在全封闭情况下，一层顶板的细小缝隙（小孔）对一层的氡浓度水平影响不大。②建筑物下部（一层）空间的氡会向二层扩散，使二层空间的氡浓度逐渐增加。在该实验条件下，2 天内二层室内氡浓度升高到约 $6000Bq/m^3$（当然，顶板的缝隙大小、楼层高度等因素会对氡的扩散速度、大小产生影响）。

模拟实验中，一层顶板孔洞为圆形 $\phi 2cm$，面积为 $3cm^2$，模型建筑内顶板尺寸为 $40cm \times 40cm$，面积约为 $1600cm^2$，孔洞面积仅为顶板面积的 1/500，但是，2 天内二层室内氡浓度仍然可以升高到约 $6000Bq/m^3$，达到约为一层室内氡浓度的 8 %（约为一层室内氡浓度的 1/12），远比两者面积之比大得多，也就是说，氡透过缝隙的作用不可因面积小而忽视。

由此可以得出这样的结论：对多层建筑或高层建筑来说，土壤氡进入建筑物内的主要通道是地面或墙体的裂缝、孔洞，影响范围在三楼以下，影响最突出的是地下室和一楼；可以说“氡无孔不入”。

这一实验结果还可以外推到别墅建筑的情况：一般别墅建筑（二层或三层）的内部，均有人员上下的楼梯，正是这些楼梯空间可以将底层的氡通畅地向楼上输送，再加上“烟囱效应”，因此，一旦室内通风不好，底层土壤氡涌入，整个建筑物内氡浓度升高将不可避免。

9）建筑材料的氡析出是室内氡的决定因素之一。建筑材料释放到空气中的氡的量既与材料的镭含量（比活度、内照射指数）有关，也与该建筑材料的物理性状（密实程度等）有关。

10）加气混凝土砌块、混凝土空心砌块墙体氡析出率高，室内氡浓度也高。由于粉煤灰加气混凝土保温性能良好，可以大大减轻墙体重量，有利于抗震，又可大量利用火力发电厂的废物粉煤灰，减轻环境污染，节能节材，因此，属于国家推广应用的建筑材料，目前框架结构民用建筑普遍采用。但加气混凝土砌块的氡析出率高，值得进一步研究。

11）体积大的加气混凝土砌块氡析出量大，体积小的加气混凝土砌块氡析出量小，同种材料的加气混凝土砌块其氡析出率相同，与体积无关；总体积不变情况下，材料表面单位时间氡析出总量基本不变。从工程应用角度看，不同尺寸大小的加气混凝土砌块对室内氡的影响基本相同。

12）加气混凝土砌块的氡析出率大小与其含水率密切相关。实验表明，加气混凝土砌块含水不仅不会减少其氡的析出，还会有利于氡的析出，可以认为水对氡的扩散、运移有助推作用。

13）环境温度、湿度对加气混凝土砌块的氡析出无明显影响。从这一实验结果可以得到如下启示：一是可以放宽加气混凝土砌块氡析出率测试时的环境温度、湿度要求。二是建筑物建成后，加气混凝土砌块等建筑材料的氡析出不会因为一年四季的环境温湿度变化而出现明显变化。

14）烧结性材料（烧结砖、多孔烧结砖、墙地砖等）的氡析出率最低，非烧结性材料（空心砌块、水泥砂浆、加气混凝土等）的氡析出率高，松散性材料氡析出率最高，可能相差数十倍。

15）建筑物通风可有效降低室内氡浓度。测试数据可以看出：不同的新风换气量可使封闭情况下的室内氡浓度有不同程度的下降，最后稳定维持在某个氡浓度水平上：新风换气量越大，稳定维持的氡浓度水平越低；新风换气量越小，稳定维持的氡浓度水平越高并接近封闭情况下的氡浓度。总之，即使有很小的新风换气量（如0.1 次/h），也可以使室内氡浓度显著下降。

实际上，室内各方面的氡释放与通风是一种竞争平衡关系：氡释放大于稀释作用，则室内氡浓度继续升高；氡释放小于稀释作用，则室内氡浓度降低。具体到一个建筑物而言，多大换气次数的通风可以将建筑物内的氡浓度降低到什么程度，要考虑许多因素。

第二节 “规程”体例

“规程”按照一般技术规程的体例要求编写，共设 7 章，并附有技术性附录 A ~ 附录 D。规程的主要技术内容是：1. 总则；2. 术语和符号；3. 建设规划与工程勘察；4. 设计；5. 施工；6. 验收；7. 室内氡治理。规程附录的主要内容是：附录 A 建筑材料氡析出率测定；附录 B 防氡涂料氡有效扩散长度测定；附录 C 土壤减压法；附录 D 排氡换气次数简表。

“规程”比“规范”要求更高、更细，在“规范”的基础上，增加了城市建设中民用建筑防氡降氡规划方面的内容，以及民用建筑工程防氡降氡治理的内容。

具体细化内容主要有：

1）提出了在城乡建设规划时，应进行土壤氡浓度调查，这能为建筑选址提供前期指导并为后期建筑设计提供数据支持；

2）本规程将工程场地土壤按土壤氡浓度（或土壤表面氡析出率）高低分成四类，要求设计时根据土壤的类别分别采取防氡工程设计，对于高土壤氡地区提出了适合我国建筑物特点的综合防氡设计方案，这一条款弥补了目前国内综合建筑构造防土壤氡措施的空白；

3）本规程对建筑物接土地面的设计与施工提出了具体要求，对无机孔隙建筑材料（装修材料）氡析出率提出了更为严格的限值，这将对降低室内氡浓度、保障人民群众身体健康发挥作用；

4）本规程对建筑物地下防氡设计施工提出了具体技术要求，提出了防氡涂料性能指标要求，同时提供了防氡涂料性能测试方法，这有利于更细化指导防氡工程的施工；

5）本规程对工程验收检测时Ⅰ类民用建筑工程中的幼儿园、中小学教室和学生宿舍、老年人居住建筑等提出了更为严格的限量值要求，以及“两级测量确认超标”程序，这对于判定室内氡浓度是否超标更为科学；

6）本规程根据室内氡浓度超标的可能原因提出了治理措施，并且提供了降低室内氡浓度的通风量参数，这为已经确认超标需要采取治理措施的工程提供了初步的意见和具体的方法。

为便于广大设计、施工、科研、学校等单位有关人员在使用本规程时能正确理解和执行条文规定，《民用建筑氡防治技术规程》编制组按章、节、条顺序编制了本规程的条文说明，对条文规定的目的、依据以及执行中需要注意的有关事项进行了说明。

第三节 “规程”适用范围

“规程”JGJ/T 349 与“规范”GB 50325 保持一致，是“规范”在防氡方面的延伸、深化、具体化。

“规程”的适用范围如 1.0.2 所述：“本规程适用于新建、扩建和改建民用建筑氡防治的规划、勘察、设计、施工及验收。”为确保民用建筑室内氡污染符合标准，同时体现辐射防护三原则即辐射防护正当性、辐射防护最优化、个人剂量限值，本规程主要针对新建、扩建及改建的民用建筑，在其规划、勘察、工程设计、工程施工及工程验收等各阶段提出规范性要求。“规程”不适用于室外，也不适用于工业建筑、仓储性建筑及诸如墙体、水塔、蓄水池等构筑物，以及医院手术室等有特殊卫生净化要求的房间。

第四节 “规程”内容要点

一、建设规划、工程勘察内容要点

1. “规程”在建设规划阶段（第3.1.1条）要求

在进行城乡建设规划时，应进行区域性土壤氡浓度或土壤表面氡析出率调查，并应根据调查结果绘制区域性土壤氡等值线图。

“中国室内氡研究”的调查和国内外进行的住宅室内氡浓度水平调查结果表明：建筑物室内氡主要源于地下土壤、岩石和建筑材料，有地质构造断层的区域土壤氡浓度会出现异常高的情况，因此，在进行城乡建设规划时有必要对区域性土壤氡浓度进行调查或者土壤表面氡析出率进行调查，并根据调查结果绘制区域性土壤氡浓度等值线图，依据此区域性等值线图对土壤进行分类。

2. “规程”第3.1.2条要求

土壤类别达到四类的区域不宜按现行国家标准《民用建筑工程室内环境污染控制规范》GB 50325中规定的Ⅰ类民用建筑建设用地进行规划，当城市建设必须在四类土壤区域建设Ⅰ类民用建筑时，应进行环境氡对建设项目室内环境的影响评价。

“规程”第4.0.1条将土壤类别划分为四类，本条中提出的土壤类别达到四类的区域，其定义及范畴与第4.0.1条相一致。由于经济发展土地资源限制等因素，可能需要在土壤类别为四类的区域建设Ⅰ类民用建筑，这时就应进行土壤氡对建设项目室内环境的影响评价。如果土壤氡对建设项目室内环境中氡浓度有较大影响的时候，应提出有针对性的处理措施并体现在环境影响评价报告中，政府规划管理部门根据土壤氡水平及处理措施做出相应审批。对于没有有效降低土壤氡对室内氡影响的措施，不应审批通过。

二、工程设计阶段内容要点

1. “规程”第4.0.1条要求

新建、扩建的民用建筑工程应依据建筑场地土壤氡浓度或土壤表面氡析出率的检测结果按表4.0.1的要求进行氡防治工程设计。

表4.0.1　土壤分类及氡防治工程设计要求

土壤类别	土壤氡浓度（Bq/m^3）	土壤表面氡析出率［$Bq/(m^2 \cdot s)$］	设计要求
一	≤20000	≤0.05	可不采取防土壤氡工程措施
二	>20000 且<30000	>0.05 且<0.1	应采取建筑物底层地面抗裂及封堵不同材料连接处、管井及管道连接处等措施
三	≥30000 且<50000	≥0.1 且<0.3	除采取类别二要求的措施外，地下室应按照现行国家标准《地下工程防水技术规范》GB 50108 的有关规定进行一级防水处理
四	≥50000	≥0.3	采取综合建筑构造防土壤氡措施

注：表中土壤类别系按照土壤氡浓度范围或者相应的土壤表面氡析出率范围划分。

本条是对“规范”GB 50325 中第4.2.4、4.2.5、4.2.6 条的具体化。在具体实施中，为了保证本条要求得到落实，有关部门在进行工程设计图审查时，需调阅工程勘察阶段的前期工作资料，了解工程地点的土壤氡浓度情况，审查工程设计中是否按本规程表4.0.1 要求落实了防氡降氡要求。

本规程根据土壤氡浓度或土壤氡表面析出率的高低对土壤进行了分类，共分为四类土，其限量分别为：一类土土壤氡浓度小于或等于 $20000Bq/m^3$ 或土壤氡表面析出率小于或等于 $0.05Bq/(m^2 \cdot s)$；二类土土壤氡浓度大于 20000 且小于 $30000Bq/m^3$ 或土壤氡表面析出率大于 0.05 且小于 $0.1Bq/(m^2 \cdot s)$；三类土土壤氡浓度大于或等于 30000 且小于 $50000Bq/m^3$ 或土壤氡表面析出率大于或等于 0.1 且小于 $0.3Bq/(m^2 \cdot s)$；四类土土壤氡浓度大于或等于 $50000Bq/m^3$ 或土壤氡表面析出率大于或等于 $0.3Bq/(m^2 \cdot s)$。

2. “规程”第4.0.5 条要求

工程场地为二类、三类土壤的民用建筑，与土壤直接接触的室内地面应采用混凝土地面，严禁采用土地面、砖地面。混凝土厚度不应小于 80mm，并应采取抗裂构造措施。

工程场地土壤为二类、三类土壤时，土壤氡对室内氡浓度影响非常显著，土地面、砖地面对土壤氡不能起到隔绝的作用，会直接导致室内氡水平超标，混凝土地面会将暴露的土壤覆盖起来，可以起到阻止土壤氡进入室内的作用，同时必须做好防裂措施，防止氡从裂缝或不同材料连接间隙进入室内。

3. “规程”第4.0.6条要求

工程场地为四类土壤的民用建筑，氡防治工程设计采用的构造措施应符合表4.0.6的有关规定。

表4.0.6　综合建筑构造防土壤氡措施

建筑形式	综合建筑构造防土壤氡措施
一层架空	地上建筑可不采取其他措施
无地下室、无架空、无空气隔离间层	1　一层及二层应封堵氡进入室内的通道，包括裂缝、不同材料连接处、管井及管道连接处等； 2　一层采用防氡涂料墙面、防氡复合地面； 3　在地基与一层地板之间设膜隔离层或土壤减压法； 4　一层及二层安装新风换气机（图4.0.6-1）
无地下室、无架空、有空气隔离间层	1　一层及二层封堵氡进入室内的通道，包括裂缝、不同材料连接处、管井及管道连接处等； 2　一层采用防氡涂料墙面及防氡复合地面； 3　一层及二层安装新风换气机（图4.0.6-2）
有地下室	1　地下室及一层封堵氡进入室内的通道，包括裂缝、不同材料连接处、管井及管道连接处等； 2　地下室及一层采用防氡复合地面及墙面防氡涂料； 3　地下室采用机械通风； 4　地下室采取一级防水处理（图4.0.6-3）

工程场地土壤为四类土时，最好的方法是将一层架空，这样土壤中析出的氡散发到空气中，无法进入室内。这种方式比较适合非采暖地区，一层架空的同时可以为建设项目提供开敞的空间，可以用于休闲、绿化和停车，提升空间品质。但在采暖地区这样做增大了建筑物体形系数，增加了散热面不利于节能，应慎用。其他不同建筑形式无论哪种都应采取封堵氡进入室内通道的措施，这些通道包括暴露的土壤、与土壤连接的排水沟、管道、地漏，地板、墙面的裂缝及管道周边的孔隙。用于封堵的密封材料必须与混凝土等材料具有良好的粘接性能，同时具有良好的延展率等性能并应长期有效，故要求封堵材料符合相关标准及规范的性能指标要求。

四类土场地土壤氡浓度很高，所以要求与土壤氡接触的墙体及地面应采用防氡涂料墙面和防氡复合地面。另外通风可以有效降低室内氡浓度，小型通风换气机比较适用于无中央空调的小空间，而地下室采用机械通风系统同样可以达到降低室内氡浓度的目的。

对于没有地下室的建筑地基与一层之间应设隔离构造措施阻止土壤氡进入室内。隔离构造有以下三种：设空气隔离间层、设膜隔离层以及土壤减压法。

空气隔离间层是通过自然通风的方法降低土壤氡溢出土壤后的浓度，以减少土壤氡进入室内的数量。为保证隔离间层通风顺畅，要求间层内部及四周均设有通气口，不能形成封闭空间。这种设计方法在我国很多地区均有采用，原本的目的是为了防潮，但这种构造同时对降氡也有很好的效果，一举两得。

膜隔离层在国外一些国家如英国、瑞典、捷克、加拿大等国家采用比较多，尤其是在英国被大量地推广使用，但国内很少采用。鉴于这种方法造价比较低，且施工比较简单，故将以下几个国家的使用情况及技术要求进行简要介绍，以便在国内的建设工程中得以应用和推广。

（1）捷克的技术要求

1）防氡膜应具有耐久性，其使用寿命与建筑寿命相等。因为防氡膜铺设于地下，未来的保养和维修工作几乎是不可能进行的，保养维修工作复杂且费用昂贵。

2）防氡膜必须能抵抗土壤中微生物及化合物引起的腐蚀。

3）防氡膜必须能承受建筑物的挤压，具有一定的延展率不容易被刺穿，防氡膜之间应光滑以减少膜之间的摩擦力引起破坏。

4）防氡膜首选简单的材料（塑料铝膜），边缘的连接处、管道等应密封完好，具有良好的气密性，应形成完整的防氡系统。

5）防氡膜不得应用在温度低于5℃的地方，因为有些材料在这样的情况下难以密封。

6）防氡膜的氡扩散系数应低于$1\times10^{-11}m^2/s$。

（2）瑞典的技术资料

防氡膜是由一种特殊的塑料组成的弹性复合体。此复合体结构非常紧凑可以防止氡气渗透。

加强防氡膜由聚酯膜组成弹性、耐刺穿、涤纶面膜，其下方铺设防腐的玻璃纤维，并且加上铝膜构成一个屏障，可防止氡气穿透。

在防氡膜表面需要涂刷滑石粉，以利于其迅速铺开。膜与膜的连接通过重叠焊接实现。

在潮湿的地面或者靠近水的含水层，防氡膜可以作为防水防潮系统中的一层。

(3) 英国的技术要求

防氡膜的铺装应延伸至建筑外墙，可以保持较好的气密性和防止湿气进入室内，连接处要考虑可靠的搭接和黏结。防氡膜表面需要进行平滑处理，在防氡膜上应铺设保护层，防止被高处坠落物体或尖锐物体损坏。同时对防水、防潮、保护膜、防治漏气等细节进行了详细的规定。

4. “规程”第4.0.7条要求

新建、扩建和改建的民用建筑氡防治工程设计应符合下列规定：

1　非采暖地区宜将建筑一层设计为架空层；

2　无地下室、无架空层建筑宜在地基与一层之间设空气隔离间层，空气隔离间层高度不宜大于900mm，空气隔离间层四周应设通气口并保证气流畅通，通气口应加设防雨水措施；

3　与土壤直接接触的室内地面应封堵土壤氡进入室内的各种通道，包括暴露的土壤、与土壤接触的排水沟、地漏、管道、管道周边的孔隙以及地板、墙面的裂缝等部位；用于封堵土壤氡进入室内的密封材料的抗老化、延展率及与混凝土粘结强度等性能应符合本规程第4.0.13条。

5. “规程”第4.0.10条要求

夏热冬冷地区、寒冷地区、严寒地区的Ⅰ类民用建筑工程需要长时间关闭门窗使用时，房间宜配置机械通风换气设施。

考虑Ⅰ类民用建筑的主要使用人群为未成年人及老年人，对于长期关闭门窗使用的空间，提出必须使用机械通风换气的要求。

三、工程施工阶段内容要点

1. “规程”第5.1.1条要求

地下室防水卷材兼做防氡层其搭接宽度应在原有防水搭接宽度基础上增加50mm。

2. “规程”第5.2.1条要求

对有氡防治工程设计要求的民用建筑，应严格按氡防治工程设计要求进行施工，防氡材料在使用前应进行性能检测。

四、工程验收阶段内容要点

1. “规程”第6.0.1条要求

民用建筑工程验收时，必须进行室内环境氡浓度检测，其限量应符合本规程表

6.0.1 的规定。

表 6.0.1 民用建筑工程室内氡浓度限量

工程类别		氡（Bq/m^3）
Ⅰ类民用建筑工程	幼儿园、中小学教室和中小学学生宿舍、老年人居住建筑	≤100
	住宅、医院病房	≤200
Ⅱ类民用建筑工程	办公楼、商店、旅馆、文化娱乐场所、书店、图书馆、展览馆、体育馆、公共交通等候室、餐厅、理发店等	≤400

本条对Ⅰ类建筑中的幼儿园、中小学教室和中小学学生宿舍及老年建筑验收时提出了更高要求，即不大于 $100Bq/m^3$。

2. “规程”第 6.0.3 条要求

民用建筑工程验收时，室内氡浓度抽检房间数量应符合下列规定：

1 抽检每个建筑单体有代表性的房间室内环境氡浓度，抽检量不得少于房间总数的 5%；

2 实际房间与样板间使用同一设计、同一型号材料，样板间室内氡浓度检测结果合格的，抽检量可减半，但不得少于 3 间；

3 对于墙体材料使用加气混凝土、空心砌块、空心砖及工业废渣块体材料的建筑工程，抽检房间比例不应低于 10%，且每个建筑单体不得少于 3 间，当房间总数少于 3 间时，应全数检测；

4 抽检房间数量可从低层向上逐渐减少，工程场地为二、三、四类土壤时，人员长期停留的地下室及一层房间抽检比例不低于 40%。

民用建筑工程验收时，抽检房间数比例与现行国家标准《民用建筑工程室内环境污染控制规范》GB 50325 一致，但对于工程场地土壤氡浓度大于 $20000Bq/m^3$ 或土壤表面氡析出率大于 $0.05Bq/(m^2 \cdot s)$，以及墙体材料使用加气混凝土、空心砌块、空心砖及工业废渣（粉煤灰、矿渣等）的建筑工程，考虑到土壤氡对室内影响较大以及加气混凝土、空心砌块、空心砖及工业废渣（粉煤灰、矿渣等）氡的析出率较高，因此，提出“抽检房间比例提高到 10%，一楼不低于 40%，对于有连通地下室的别墅，地下室必检”等要求是必要的。

3. “规程”第6.0.4条要求

民用建筑工程验收时，室内环境氡浓度检测点数应符合表6.0.4的规定。

表6.0.4 室内环境氡浓度检测点数设置

房间使用面积（m^2）	检测点数（个）
<50	1
≥50，<100	2
≥100，<500	不少于3
≥500，<1000	不少于5
≥1000，<3000	不少于6
≥3000	每1000 m^2不少于3

4. “规程”第6.0.8条要求

对采用自然通风的民用建筑工程，当室内环境氡浓度检测结果不符合本规程第6.0.1条规定时，应按下列方法进行确认检验：

1 在对外门窗关闭情况下，取48h或更长时间的监测结果的平均值作为测量结果；

2 仍然超标，应检测被测房间对外门窗关闭状态下的换气次数，根据氡浓度测量结果和实测的换气次数换算出房间换气次数为0.3次/h的氡浓度作为最终超标与否的判定依据。换算可按下式计算：

$$C_{0.3} = C_0 + \frac{(\bar{C} - C_0)\ \eta_0}{\eta_{0.3}} \tag{6.0.8}$$

式中：$C_{0.3}$——换气次数为0.3次/h情况下的室内氡浓度；

$\bar{C}$——24h或更长时间的室内氡浓度监测结果平均值；

C_0——室外空气中的氡浓度，一般取10Bq/m^3；

η_0——被测房间对外门窗关闭状态下的换气次数；

$\eta_{0.3}$——正常使用情况下的换气次数，取0.3次/h。

5. “规程”第6.0.10条要求

室内环境氡指标验收不合格的民用建筑工程，应进行治理，经再次检测合格后方可投入使用。

五、室内氡治理方面内容要点

1. “规程”第7.1.2条要求

治理室内氡污染可采用通风稀释、屏蔽和净化等方法，将室内氡浓度降低到本规程规定的限量值以下。建筑物降氡改造时，需在专业人员指导下进行。

建筑物降氡改造应遵循辐射防护最优化原则。氡浓度超标不严重或季节性超标的情况，宜采用通风、屏蔽氡源、净化吸附或过滤氡子体等成本较低的临时性降氡措施。氡是单原子惰性气体，氡气的分子直径只有0.46nm，很容易从土壤或建材中释放出来。氡气无色无味，只有通过检测装置才能够测量到，因此房屋的降氡改造要在专业人员指导下进行，保证达到预期的效果。

2. “规程”第7.3.1条要求

建筑室内防氡降氡措施可选用表7.3.1中的治理措施。

表7.3.1 降低建筑室内氡的治理措施

氡来源 室内氡浓度（Bq/m^3）	土壤氡	建材氡
200～400	1 加强自然通风； 2 采用屏蔽氡来源措施； 3 净化吸附或过滤氡子体	1 加强自然通风； 2 净化吸附或过滤氡子体
400～1000	1 加强自然通风或机械通风； 2 封堵屏蔽氡来源； 3 土壤减压法	1 加强自然通风或机械通风； 2 屏蔽氡来源（防氡涂料）
>1000	1 机械通风； 2 封堵屏蔽氡来源； 3 土壤减压法	1 机械通风； 2 屏蔽氡来源

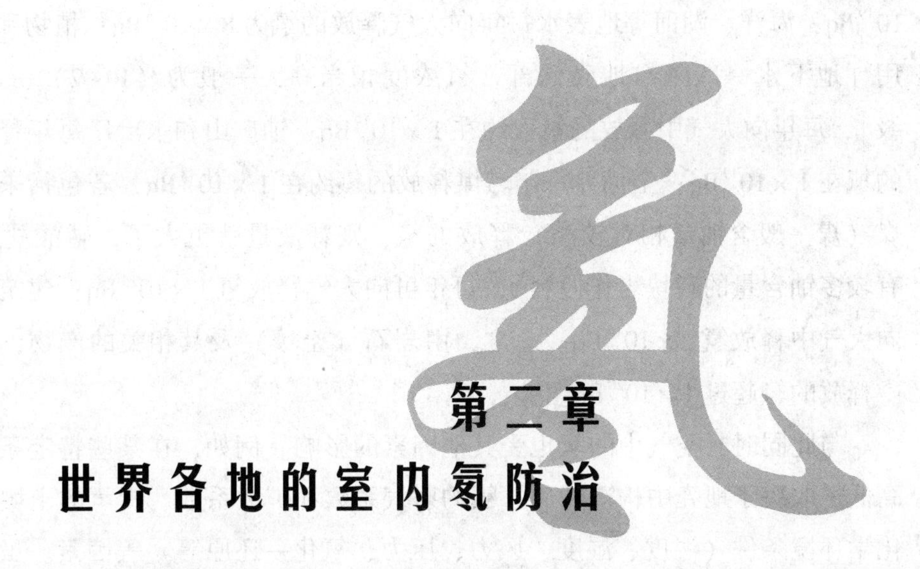

第二章 世界各地的室内氡防治

第一节 世界各地对土壤氡、室内氡调查研究

国外对氡的防治技术研究一般开始于对本国土壤氡、室内氡浓度调查研究、掌握土壤氡对室内氡影响，以及了解氡污染危害的研究等基础性研究工作。

实际上，半个世纪前，土壤氡浓度的检测即被作为监测手段广泛用于铀矿和其他矿产的勘查。后来该方法逐步完善发展，用于中近期地震测报、工程勘察、环境保护和解决广泛的水文地质问题。只是近三十年来，土壤氡及室内氡检测调查才开始用于建筑工程的氡污染防治（设计前的检测和竣工后的检验，以及定点定时对有关建筑工程环境的氡检测）。

一、室内氡来源调查研究

理论和大量实践证明，土壤氡及其附近空气中的氡对室内环境空气中的氡浓度会产生影响。氡主要来自岩石、土壤，从广义角度讲，岩石系指由岩浆岩、沉积岩和变质岩所组成的岩石，土壤是指由岩石经风化作用或其他的地质作用而形成的粉末。建筑材料，特别是与氡有密切因果关系的岩石建材，都是直接来自岩石或经过加工而成的。

氡产生于自然界三个天然放射性系列中的镭同位素的 α 衰变，镭同位素产生于铀－238、铀－235 和钍－232。

自由氡自陆地释放出来后，随即离开地面进入空气，其数量每年可达到 7.6 ×

10^{19} Bq；海洋、湖河等地表水每年向大气释放的氡为 8×10^{16} Bq；植物和地下水的作用［地下水一般来自地壳深部，氡浓度相当高，一般为（1～2）$\times10^{5}$ Bq/m^{3}量级］，每年向大气中释放的氡大约在 1×10^{19} Bq；铀矿山和水冶厂每年释放到大气中的氡在 1×10^{19} Bq；全世界每年燃煤释放的氡约在 1×10^{13} Bq，若包括未燃烧的天然煤（煤一般含铀量相对较高）释放的氡，则释放量就更大了；磷酸盐工业（用含有较多铀含量的磷块岩作原料），每年可向大气释放氡 1×10^{14} Bq；建筑材料每年也向大气中释放氡 1×10^{16} Bq。总之，由岩石（土壤）及其相关的产物，每年向大气中释放的氡超过 1×10^{20} Bq。

与此同时，空气中的氡也受其他因素的影响。例如，在某些特定条件下，氡的高低还取决于地壳中构造断裂、氡的射气系数和扩散系数、析氡的土壤所处的物理化学环境条件（温度、湿度、风力、压力、氧化—还原等）等因素。虽然断裂构造本身并不产生氡，它只是地壳中氡的良好通道，而在一定条件下，第三纪后形成的新构造，即使岩石中的镭（铀）含量很低，在地表土壤中也能形成相当高的氡浓度。与此类似，在特定的条件下上述各种因素同样也能在地表土壤中形成相对较高的氡浓度。

总之，氡浓度的影响因素很多，其中岩石（土壤）铀镭含量是控制氡的根本因素；而构造、射气系数、土壤的渗透率、扩散系数、湿度、温度、气压、风力、氧化—还原作用等因素又对氡的聚集产生一定的影响。

二、各国土壤氡与室内氡关联性调查研究

理论和实验资料证明，地表析出的氡向空气运移有效范围可达数百米，土壤中析出氡的影响及危害范围是广泛的、全方位的。陆地上的建筑物一般都是建在土壤上的，因而土壤氡与室内环境空气氡有着紧密的直接关系。当然，这种影响是随着建筑物层数的增高而逐渐减弱的。

1. 美国关于土壤氡—室内氡关联性研究

20 世纪 50 年代以来，世界上许多国家对氡的危害问题开始重视，并开始对矿山中氡危害进行研究。美国的铀矿从 1950 年就开始了对矿工的健康管理，建立了完整的氡暴露量和矿工体检资料，而且一直持续至今。这些资料为揭示氡致肺癌的剂量——效应关系和后来制定的防护限值提供了大量有价值的资料。

从发达国家的氡研究历史看，一开始，研究比较注意空气中氡浓度水平调查，

而对空气中氡的主要来源——岩石、土壤中的氡未能引起足够重视。20 世纪 90 年代，欧共体成员国和美国在氡研究计划中才明确提出要加强地质、地球化学环境与环境中氡的关系研究，这说明人们已经认识到地质环境氡与空气氡的关系十分密切。

美国地质调查局、美国环境防护机构和美国国家地质学家协会曾合作提出评价美国氡潜力的 2 年规划，并做了大量的工作。对室内氡数据与基岩、地表地质、航空放射性数据、土壤特征和土壤及水中氡的研究结果作了对比，确定了氡浓度值和可信指标，进行了国土氡环境评价，编制出了“氡害潜势图”，划分出氡安全区和氡需要防护的具体区段，供工业建设和民用建筑参考。研究结果表明，低层建筑物室内氡来自地基土壤和岩石的比例非常高，一般占室内氡含量的 90% 左右。图 2－1 是美国氡的地质潜势图。

美国居住建筑室内氡浓度控制标准为 4pCi/L，相当于国际标准 148Bq/m^3。氡的地质潜势图把全美国超过 4pCi/L 的地质潜势地区作了明确划分，这些地区的建筑应当采取防氡技术措施。

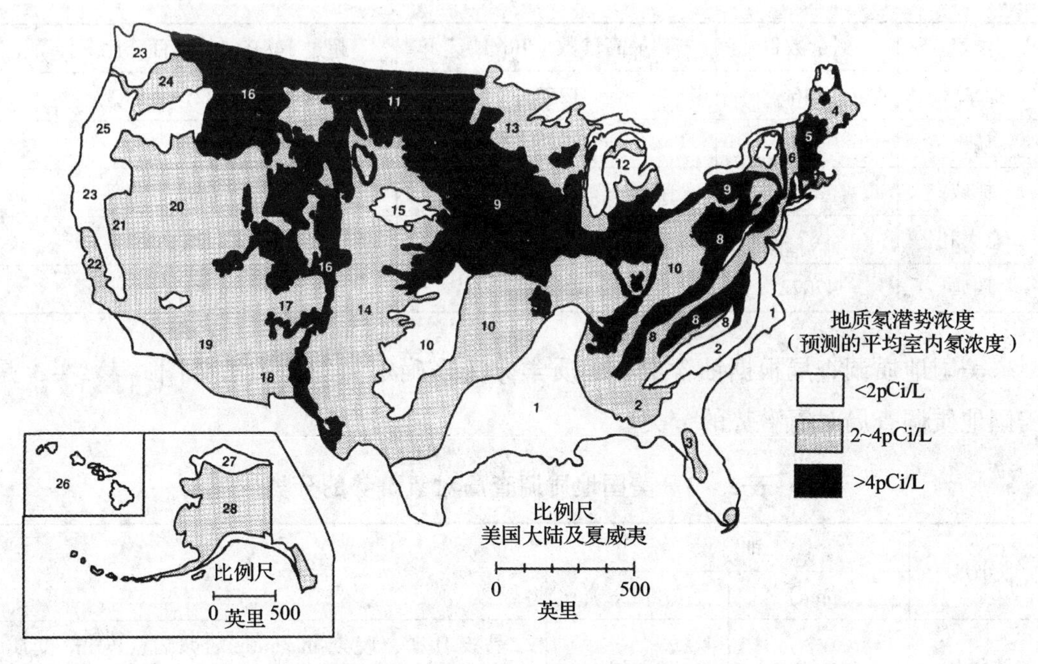

图 2－1　美国氡的地质潜势图

表 2－1 是美国室内氡浓度超过 148Bq/m^3的某些地区的抽样调查结果。

表 2-1　美国某些地区室内氡浓度抽样调查结果

地　点	测量数目	最高读数（Bq/m^3）	超过 $148Bq/m^3$ 的百分比（%）
北卡罗来纳州	80	273.8	15
中西部	64	273.8	20
南部	304	99.9	0
东北部	133	2849	20
纽约州	413	1850	15
宾夕法尼亚州	249	3367	42
缅因州	427	4921	21

据美国统计，全国低层建筑物室内氡浓度超过 $148Bq/m^3$ 限值的比率为 12%。其他国家的抽样调查结果比该比率还要高，如加拿大、挪威、瑞典等，详见表 2-2。

表 2-2　其他国家室内氡浓度抽样调查结果

国家	测量数目	最高读数（Bq/L）	超过 $148Bq/m^3$ 的百分比（%）
加拿大	546	1258	21
瑞士	634	26973	62
挪威	293	10656	58
意大利	67	2220	28
瑞典	47072	42180	81

美国地质调查局根据铀含量和地质学分类来确定氡的地质潜势图，表 2-3 是美国地质调查局对氡潜势的分类。

表 2-3　美国地质调查局对氡潜势的分类

分类	铀含量		岩 石 类 型
	（ppm）	（Bq/kg）	
高潜势	>50	>630	晶核 U 矿，晚期 magmitic 岩浆岩，Pyritic 变质岩，marinemetasebimentry 矿和某些冲积岩
较高潜势	>30 ≤50	>378 ≤630	晶核 U 矿，晚期 magmitic 岩浆岩，Pyritic 变质岩，marinemetasebimentry 矿和某些冲积岩

续表 2-3

分类	铀含量		岩 石 类 型
	(ppm)	(Bq/kg)	
中潜势	>20 ≤30	>252 ≤378	Felsic 火山岩，由花岗岩派生的大陆沉积岩和海上沉积岩
较低潜势	>10 ≤20	>126 ≤252	冰河沉积岩，低 U 含量和零星高浓度的矿石
低潜势	≤10	≤126	与 U 含量无关的岩石，美洲河玄武岩，其他镁铁质的火成岩

20 世纪 70 年代至 80 年代美国曾进行《国家铀资源评价计划（NURE）》的实施工作。该计划的最初目的是识别和描述美国具有铀资源远景的地区，但后来发现运用航空放射性数据可以评价全国的氡潜力。评价的结果表明，美国有三分之一多的地区被确定为具有高氡地质远景区。1986—1992 年全国有 40 个州完成了由 EPA（环境保护机构）发起的氡调查。其中，1986—1990 年对 34 个州进行了 43000 户住宅（美国约 1 亿户住宅）室内氡抽样调查，调查结果显示全国室内氡浓度平均值为 124Bq/m^3，其中，21% 居室氡浓度超过国家标准（150Bq/m^3）；5% 居室超过 400Bq/m^3 和 1.9% 居室超过 740Bq/m^3。

下面是美国十几个州的室内氡与土壤氡检测结果对比，从实际数据可以看出室内氡浓度与土壤氡浓度存在着关联性。

(1) 美国十几个州室内氡与土壤氡检测结果

测量结果表明，白垩系和下第三系海绿石砂、含碳质岩石和含磷沉积物氡高，而海相灰岩和石英砂氡低，土壤氡一般为 500pCi/L（相当于 18500Bq/m^3），只有 20% 的土壤氡是 2000pCi/L；在新泽西州海绿石砂，土壤氡最高达 16200pCi/L（599400Bq/m^3）。

注：1. 在阿巴拉契亚山前地带结晶岩石发育的土壤中氡大于 1000pCi/L，可期望在其上房屋的地下室产生 10pCi/L 的室内氡（Gundersen，1989 年）。

2. 在相似的地质条件下，由于建筑风格内在的不同，可使得相应的室内产生差别较大的氡浓度。例如，海岸平原的板房往往建在斜坡上，该类建筑下部仅有支柱或地板下的狭小空间，不具有地下室；而山前地带的房屋，尤其是北部地区的房屋，多数具有地下室。前者室内氡浓度低于后者。美国 EPA 以州为单位的室内氡浓度及其超标率统计如表 2-4。

表2-4　美国EPA以州为单位的室内氡浓度及其超标率统计表

州名称	平均值（pCi/L）	超过4pCi/L的百分比（%）	排名
阿拉斯加	1.7	7.7	25
亚拉巴马	1.8	6.4	29
亚利桑那	1.6	6.5	28
加利福尼亚	0.9	2.4	32
科罗拉多	5.2	41.5	5
康涅狄格	2.9	18.5	17
佐治亚	1.8	7.5	26
夏威夷	0.1	0.4	34
艾奥瓦	8.8	71.1	1
爱达荷	3.5	10.3	16
印第安纳	3.7	28.5	9
堪萨斯	3.1	22.5	13
肯塔基	2.7	17.1	18
路易斯安那	0.5	0.8	33
缅因	4.1	29.9	7
马萨诸塞	3.4	22.7	12
密歇根	2.1	11.7	23
明尼苏达	4.8	45.4	4
密苏里	2.6	17.0	19
北卡罗来纳	1.4	6.7	27
北达科他	7.0	60.7	2
内布拉斯加	5.5	53.5	3
新墨西哥	3.1	21.8	14
内华达	2.0	10.2	24
俄亥俄	4.3	29.0	8
俄克拉荷马	1.1	3.7	30
宾夕法尼亚	7.7	40.5	6
罗得岛	3.2	20.6	15
南卡罗来纳	1.1	3.7	30
田纳西	2.7	15.8	21
佛蒙特	2.5	15.9	20
威斯康星	3.4	26.6	10
西弗吉尼亚	2.6	15.7	22
怀俄明	3.6	26.2	11

（2）美国纽约州井水中氡浓度调查测量

纽约的 110 个集体井和私人井的水氡变化范围为 1Bq/L～4100Bq/L，算术和几何平均值分别为 200Bq/L（即 2×10^5 Bq/m^3）和 30Bq/L（3×10^4 Bq/m^3）。而美国标准规定水氡不应超过 1.1×10^4 Bq/m^3。

纽约州有 10% 的家庭集体供给地下水。水中氡测量值（NysdoH，1990 年）的变化范围为 0.5Bq/L～1000Bq/L（即 500Bq/m^3～10^6 Bq/m^3）。东南部的 5 个县水中氡则更高。由于对人体吸入氡而患癌风险的意识增强，人们非常注意采取减少氡从周围土壤（岩石）渗入到室内的措施。但人们往往又疏忽了这样的情况：岩石和土壤与水接触后，水中氡浓度增高同样会使人们患癌。人们在洗浴、烹饪或洗盘、洗衣时水会释放出大量的氡。据 Gese11 和 Prichard（1980 年）和 Hess 等（1982 年）的估算，当一户家庭使用的水中氡为 370Bq/L（即 3.7×10^5 Bq/m^3）时，仅水会对室内造成 37Bq/m^3 氡浓度，即相当于室内限量浓度（150Bq/m^3）的 1/4。特别当房屋小或通风差时，这个比重就会更大。因此，在注意土壤氡对室内氡浓度的影响时，也应关注地下水氡对室内氡的影响。

（3）美国科罗拉多州的丹佛地区氡调查测量

土壤氡测量表明：土壤氡浓度随季节变化范围达一个数量级，随气候（雨量和气压）变化的范围达数倍；土壤湿度的重量百分比在 15%～20% 时，氡的析出率最高。

（4）美国弗吉尼亚州和马里兰州的氡调查测量

1986～1987 年，美国乔治市 Mason 大学基础和应用中心在美国弗吉尼亚州（Virginia）和马里兰州（Maryland）两个州选择了多于 1500 户的住宅采用 SSNTD 法用 3 个月的时间进行了随季节变化的室内氡检测。测量结果显示，对于底层建筑，冬季是室内氡含量最高的季节（土壤为贫瘠泥沙和黏土层，见表 2－5～表 2－7）。

表 2－5 不同季节记录随季节变化的室内最高氡浓度的住宅百分率

县　名	住宅数	室内最高氡浓度的时间（%）			
		冬季	春季	夏季	秋季
北弗吉尼亚 Pairfax 县	689	41	18	12	29
南马里兰 Montgomery 县	202	32	21	12	30
平　均	891	37	19	12	30

表2-6　地下室内不同季节室内氡浓度

地区	季　节	住宅数	室内氡平均值（Bq/m^3）
Pairfax	春季	829	151.7
	夏季	927	122.1
	秋季	898	155.4
	冬季	844	162.8
Montgomery	春季	242	173.9
	夏季	223	133.2
	秋季	307	162.8
	冬季	293	181.3

表2-7　第一层室内不同季节室内氡浓度

地区	季　节	住宅数	室内氡平均值（Bq/m^3）
Pairfax	春季	132	103.6
	夏季	133	103.6
	秋季	131	114.7
	冬季	180	114.7
Montgomery	春季	33	188.7
	夏季	44	85.1
	秋季	41	122.1
	冬季	35	162.8

据对实际资料研究得出，土壤氡与室内氡的比值大约为150:1。需要说明的是，土壤渗透率对评价住宅室内氡虽然有影响，但仅根据土壤渗透率不能准确地评价室内氡，同样仅根据土壤氡也较难预测室内氡，最好的方法是将两者结合进行。

(5) 美国缅因州的氡调查测量

美国经过在缅因州进行多种类型氡测量后发现，影响室内空气中氡的主要因素有：季节、房屋建筑、房屋通风、热源、地下室建筑、水源中氡浓度、房屋下的覆盖物和基岩类型。其中，房屋建筑水中氡浓度和覆盖层的渗透率关系尤为密切。木架房中氡高于活动房中氡10倍；用砖和石头建造的房屋是活动房的108倍（活动房中氡约在$15Bq/m^3$）；当水中氡浓度为$3.7\times10^5Bq/m^3\sim3.7\times10^6Bq/m^3$时，室内氡浓度是室内氡限量值（150Bq/m³）的 6 倍；当水中氡大于 3.7×10^6Bq/m³，室内氡浓度是室内空气氡限量值（150Bq/m³）的 54 倍；建在砂和砾石上的房屋，其室内氡浓度是建在黏土上房屋的室内氡的 12 倍；建在二云母花岗岩上的房屋室内氡比建在低变质岩上的房屋高 4 倍；室内氡冬天比夏天高；用电取暖的房屋室内氡比其他热源的房屋高。

在缅因州，早期就将地下水氡作为室内氡的主要来源（Hess 等，1979 年，Hoxie，1966 年）。后来发现在佛罗里达州建在磷酸盐尾矿上的房屋（Roessler 等，1983 年）和宾夕法尼亚州建在糜棱岩化片麻岩上的房屋（Reimer 和 Gundesen，1989 年），都发现有高氡。在瑞典，室内高氡是由于建材是由明矾页岩的混凝土或房屋直接建在明矾页岩上引起的。美国 EPA（1986 年）认为：土壤和基岩的气氡是室内氡的主要来源，见表 2－8～表 2－10。

表 2－8　不同类型基岩的水中氡和相应室内氡

岩性		水中氡（pCi/L）			室内氡（pCi/L）		
		样品数	平均值	变化范围	样品数	平均值	变化范围
变质岩	低粒级	138	1579	85～18115	137	1.40	0.1～9.05
	中粒级	94	2561	264～46103	94	1.39	0.2～9.58
	高粒级	153	2969	254～65656	151	1.54	0.14～21.50
深成岩	二云母花岗岩	99	9918	142～151182	98	3.10	0.27～24.75
	其他	57	3326	361～72229	54	1.00	0.20～7.14
	不明岩性	6	4990	264～81115	7	1.87	0.70～5.49

表 2－9　不同覆盖层类型和季节确定的室内氡

覆盖层类型	夏天（pCi/L）			冬天（pCi/L）		
	样品数	平均值	变化范围	样品数	平均值	变化范围
砂/砾石	24	1.43	0.27～7.14	31	1.94	0.28～23.44
水碛	88	1.45	0.14～13.28	229	1.70	0.10～24.75
黏土	27	1.42	0.27～7.71	95	1.15	0.19～9.05

表 2-10　不同房屋特征测定的室内氡

房屋特征		样品数	平均值（pCi/L）	变化范围
房屋结构	木架	490	1.60	0.10~24.75
	活动	36	1.00	0.35~7.00
	砂/石头	11	4.07	0.31~23.44
	未知	2	1.11	0.42~1.80
地基	混凝土/煤渣块	288	1.66	0.10~24.75
	不明岩石	105	1.55	0.31~23.44
	花岗岩	69	1.58	0.20~12.13
	其他	77	1.16	0.21~17.34
地下室地板	混凝土	304	1.70	0.10~24.75
	污物	136	1.57	0.20~12.13
	花岗岩等	32	1.12	0.20~5.69
	其他	67	1.01	0.21~17.34
热源	电	43	1.70	0.20~14.70
	其他	492	1.54	0.10~24.75
	不明	4	1.34	0.42~3.00
通风	通风	215	1.58	0.20~12.13
	密封	320	1.57	0.10~24.75
	其他	4	3.31	0.42~4.99

总之，在缅因州，室内空气氡浓度普遍大于或等于4pCi/L；冬天室内空气氡浓度是夏天室内空气氡浓度的3倍；空气和水中的高氡普遍存在于建在二云母花岗岩上的房屋内；砂和砾石对室内空气氡的贡献，比渗透性差的土壤要大得多，特别是在冬天，情况更明显。值得指出的是，覆盖物类型是室内氡浓度可能超过4pCi/L的更重要的因素：活动房屋具有最低的氡浓度，用电取暖的房屋空气氡浓度比用其他供热源房屋的氡浓度高，也具有更大危险；有限的数据表明，用石头或砖建造的房屋一般有高的室内氡浓度；有地下室的房屋的确不会存在室内氡浓度大量高于4pCi/L的危险。地下水中氡为10^4pCi/L或更高时，对室内氡有重要贡献。

（6）美国28个地区（区域性）氡调查测量

美国在20世纪90年代前后对28个地区进行了一系列横穿美国东部到西部的室内氡分布及其分布地质控制的研究，并明确得出结论：土壤氡、放射性核素和室内氡之间有良好的相关关系。

1）内外海岸平原和佛罗里达州磷酸岩和石灰岩沉积物地区的氡调查测量。

美国东部和南部的海岸平原主要是由大西洋和海湾海岸在海进演化期间所形成的一系列海洋和河流沉积物组成。最老的岩石为白垩纪岩石（主要为海绿石砂岩），它们被早第三纪砂和黏土覆盖；最年轻的第三纪沉积物为砾质砂、黏质砂土和薄黏土层。在横跨5个州的1600多公里的剖面上，通过海岸平原下伏沉积物质测量了土壤氡、地表放射性、铀镭含量、土壤渗透率和颗粒大小分布（Peake等，1988年；Peake和Gundersen，1989年）。测量结果表明：内海岸平原由白垩纪和早第三纪沉积物组成，其氡潜力比由中—晚第三纪和第四纪沉积物组成的外海岸平原的氡潜力要高。整个海岸平原1m深处的氡浓度范围为25900Bq/m^3～37000Bq/m^3，其中2个氡最高点均位于内海岸平原的沉积物中：新泽西州（Nwvasink组海绿石砂岩）600362Bq/m^3和得克萨斯州（Eage Ford群的碳质页岩）234321Bq/m^3。在马里兰州和弗吉尼亚州大于37000Bq/m^3土壤气氡常与Aquia、Brightseat和Calvert组中的磷酸盐化石层、海绿石砂和黏土有关（Otton，1991年）。

与相应的室内氡测量对比后可以看出，土壤氡、放射性核素数据和室内氡数据之间有良好的相关关系 。另外，在得克萨斯州砂岩型铀矿床和弗吉尼亚州到乔治州的海洋砂和重矿物沉积物中的局部铀富集部位，相应室内也发现有室内高氡浓度。在这些地区，室内氡平均值一般为37Bq/m^3；而在碳质页岩、磷酸盐沉积物和海绿石砂岩分布地区的室内，氡浓度可达85.1Bq/m^3。

在佛罗里达州地区的氡测量同样说明室内氡与土壤氡的紧密关联性。

2）北阿巴拉契亚山脉地区的氡测量。

该地区由中等氡潜力的元古代、古生代变质岩和火山岩组成，主要氡源是含铀矿物，塔科尼克地区也是一个含有冰碛物和砾石层的结晶基底区。铀含量很高的某些花岗岩以及元古代变质岩和断层带共同造成室内高氡。与此同时，相应地区的地下水氡相当高，曾在民用井中测到高氡（3.7×10^7Bq/m^3）（Ha11等，1987年）。

阿迪朗达克和格林山脉地区的碳酸盐和页岩、砾石层、冰碛物、石墨片岩、千枚岩和板岩可造成室内中等到高的氡浓度。

北阿马拉契亚高原地区，有几个与磷铁矿伴生的铀矿床和剪切带，它们与砾石和冰碛物一起造成室内高氡。

3）阿巴拉契亚中部和南部地区的氡测量。

花岗岩氡浓度平均为3.7×10^4Bq/m^3；铁镁质岩石氡浓度平均为2.22×10^4Bq/

m^3。研究结果为：第一，在宾夕法尼亚、新泽西、马里兰和弗吉尼亚等地区获得的1000多个室内氡和相应的土壤氡的数据说明，室内氡浓度平均值大约是土壤氡平均值的1/100（Gundersen，1989年）；第二，渗透率和包括镭含量与射气系数在内的射气能力是主要影响因素。

在阿巴拉契亚地区，室内、土壤和水中氡高浓度的形成往往与岩石断层和断裂有关。

4）阿巴拉契亚高原非冰川的部分地区氡测量。

本地区碳酸盐土壤和页岩具有中到高的氡潜力，特别是肯塔基州、田纳西州的含铀页岩，俄亥俄州、宾夕法尼亚州、纽约州、印第安纳州、田纳西州、肯塔基州、密歇根州、伊利诺伊州、密苏里州、艾奥瓦州、阿肯色州和俄克拉荷马州等地区的奥陶纪，密西西比的二叠纪的碳酸盐和黑色页岩，以及宾夕法尼亚州和西弗吉尼亚州的含铀煤矿可能造成室内氡潜力呈中等水平。

5）北部大平原和大湖泊地区氡测量。

密歇根上半岛中部的结晶岩石造成局部室内高氡，威斯康星中部和沃尔夫河的含铀花岗岩、沃索出露地表的深成岩体以及薄层冰川覆盖沉积物，造成这个州一些地区室内高氡。

6）未遭冰封的大平原地区氡测量。

白河建造分布在大平原北部和中部，含有一定含量的氡。而Ogallala和Arikaree建造则是科罗拉多到西德克萨斯中部和南部地区室内氡的主要物质来源。

7）落基山脉和大平原西部的部分地区氡测量。

落基山脉产出的一些脉型铀矿床是造成科罗拉多州和爱达荷州局部室内及水中氡高浓度的直接原因。

8）科罗拉多高原和怀俄明盆地氡测量。

美国大多数砂岩型铀矿床都在这两个地区范围内。因此，犹他、科罗拉多、怀俄明和新墨西哥等州的室内高氡几乎全与铀矿床相对应。铀矿床常赋存在长石砂砾岩、海洋石灰岩和页岩、滨海砂岩和页岩、河成和湖成砂岩、页岩和石灰岩之中。

9）内华达山脉、大峡谷和南部海岸山脉地区氡测量。

在本地区，花岗岩崩积物与内华达州和加利福尼亚州的室内高氡有关。Rineon页岩也是室内氡的物源。在圣巴巴拉县，有75%的房屋室内氡水平超过150Bq/m^3（Aeeouz，1991年）。

10）哥伦比亚高原、皮吉特低地、喀斯喀特山、北部海岸山脉、克拉马斯山和威拉米特河谷地区氡测量。

这些地区铀含量低，相应的室内氡浓度也低，一般在 $74Bq/m^3 \sim 148Bq/m^3$。

11）夏威夷州地区氡测量。

夏威夷由一系列火山岛屿组成，土壤氡较低，仅个别地区的土壤氡浓度大于 $3.7\times10^4Bq/m^3$，室内氡也较低。

12）阿拉斯加州地区氡测量。

该州从北到南分2个省，北部的北极海岸平原和北部山麓小丘组成一个省，主要是第四纪沉积岩，属于潜在低氡区；南部的北极山省由大量的断层破坏的晚前寒武纪和古生代海相沉积岩组成。在本地区，片岩是造成室内高氡的主要岩石类型。

实践证明，土壤氡测量最好是从0.75m深的B层取样（Gates、Gundersen，1989年；Reimer，1992年）。

（7）美国西弗吉尼亚大峡谷、杰斐逊和伯克利县的土壤氡调查

横切西弗吉尼亚大峡谷所进行的一部分土壤氡和地面放射性测量表明，一些碳酸岩上方形成的残积层和土壤，具有高的氡浓度，以致造成室内的高氡值，氡受碳酸岩基岩中的溶液和后生发育的层厚、红色、富黏土残积层的控制。残积层镭含量比基岩镭含量高4倍，相应的铀高10倍和钍高5倍。残积层的土含量低。

（8）美国新泽西州高地冰封地区的土壤氡调查

古生代沉积基岩上方的土壤氡浓度为518pCi/L（237pCi/L ~ 2695pCi/L），Grenville片麻岩上方土壤氡浓度为518pCi/L（200pCi/L ~ 1872pCi/L）。

（9）美国氡危害评价

美国地质调查局在犹他州的桑迪县、盐湖县和犹他县进行了环境氡危害评估工作，其潜在性危害调查重点是：土壤中铀含量、土壤氡以及深部地下性状。为此收集了20世纪80年代中期完成的NURE中的航空γ能谱资料、地面γ能谱资料、土壤氡、土壤温度和密度、土壤结构和室内氡测量等资料，由上述资料进行统计分类，见表2-11。

表2-11　美国氡危害评价的分类参数

评估系数类别	eU（10^{-6}）	土壤中氡（Bq/m^3）	地下水埋深（英尺）
1类	<2.0	<9250	<25
2类	2.0 ~ 4.4	9250 ~ 18500	25 ~ 50
3类	4.4 ~ 6.8	18500 ~ 27750	51 ~ 75
4类	>6.8	>27750	>75

注：1英尺 = 0.3848m。

2. 俄罗斯与哈萨克斯坦关于土壤氡—室内氡关联性研究

(1) 圣·彼得堡等地区

在俄罗斯，为专门评价居民综合生态状况和评价室内氡与土壤氡的关系，曾在圣·彼得堡地区、中部地区和阿尔泰等地区用径迹法和活性炭法、热释光测室内γ射线法进行环境氡测量。采用氡与其子体的平衡系数0.5和IAEA推荐的有效剂量当量系数0.061mSv/（Bq/m^3），计算了氡子体活度和有效剂量当量（EDE）。测量工作总共进行了21个村镇的1000多户住宅、公共建筑物和工业建筑物的室内氡测量；工作时间是夏季；径迹法用2～3个月照射；活性炭吸附时间为6天～10天。

调查表明，俄罗斯有0.05%的人口居住在氡浓度大于$200Bq/m^3$的住宅内，该值已被用作俄罗斯住宅氡浓度的临界值。

阿尔泰地区的5个住宅小区和列尔曼托夫（北高加索）镇的测量获得了室内的最高的氡浓度（EEC），经调查该地区正好位于断裂构造附近。前者中的Belokurikha是一个著名的氡疗养区，后者位于高天然辐射带中，并在高加索地区发现了矿泉水。在Altashaya街的44号住宅和65号住宅中的氡浓度分别为$260Bq/m^3$和$170Bq/m^3$，而其相应的土壤氡则为$10200Bq/m^3$和$6800Bq/m^3$，说明室内氡浓度与相应的土壤氡浓度存在着良好的关联性。室内氡浓度是相应土壤氡的1/40。

阿尔泰地区的大多数幼儿园氡都很高，经调查研究是由于地下室和通风系数设计不合理导致的。

应该说明的是，某些室内存在的高氡除了与地基下岩石的核辐射有关外，还与所用建材有关。例如，在Belokurikha的一个5层建筑物内，发现一些建筑单元内γ本底高达103.20×10^{-10} Ci/（kg·h）[相当于40γ，即1γ=2.58×10^{-10}Ci/（kg·h）]，该建筑物的本底为$38.7\sim51.6\times10^{-10}$ Ci/（kg·h）。结果表明，该建筑物越高，γ本底值也越高。这种现象是由于采用了西伯利亚采石场中具有高铀和高钍含量的砾石材料建造的。

(2) 哈萨克斯坦

1991年，B. K. 基托夫等人在一本《土壤与建筑物中的氡》的小册子中记载了苏联时期在哈萨克斯坦的一个村镇进行的土壤氡测量工作，发现2个氡异常带，而且在这2个异常带内大部分房屋的氡浓度都超过规定的室内氡浓度标准（$200Bq/m^3$）。经过调查发现最高氡浓度异常带（$>50\times10^4Bq/m^3$）成因与空间分布都与钨矿带密切相关，钨矿还与铀矿化伴生。另外，在该村镇范围内还有很多断裂带和构造裂隙，构造带内存在着云英岩。居室空气中的最高氡浓度正好出现在建筑在该带上的房屋中。

室内空气和相应地基下的土壤氡测量发现，房屋下面土壤氡浓度在0.7m～1.0m深度的土壤中随时间没有明显变化，而相应的住所里的氡浓度随时间则变化明显，即氡浓度最高值出现在黎明前几小时，而在白天则可降低10倍～100倍；这两种事实对我们进行的氡测量有某些启示和参考价值。

（3）俄罗斯氡危害图

俄罗斯国土氡危害图已由ВИРГ制作完成，该图件的制作分三个阶段实施。第一阶段制作全俄氡危害草图（利用苏联45年铀勘查中的1亿8000万个氡测量原始数据，以5×10^4Bq/m^{3}为基线圈出异常范围）；第二阶段按照1:25万和1:50万比例尺制作氡危险地带图；第三阶段在人口密集的地区，制作1:5万和1:1万的氡详测图件。从俄罗斯国土氡危害图看出，全俄国土氡危害呈俄文字母“Ш”形展布，即在沿俄蒙和俄中边界一线的俄罗斯南部及沿俄—东欧国家边界一线的俄罗斯西部是主要的氡危害分布带。

3. 瑞典关于土壤氡—室内氡关联性研究

瑞典SGU（瑞典地质调查所）在20世纪80、90年代进行的核辐射测量表明，从地下渗入到建筑物中的氡比从室内建筑材料放出的氡要多得多。

瑞典全国正常环境背景γ辐射为6μR/h～10μR/h，而广大地区（页岩等）γ射线水平则为12μR/h ～20μR/h。在瑞典全国γ测量的基础上，将危险区的限量定为30γ。GEO辐射图（1:5万），主要依据航空放射性测量、地面γ辐射测量和地质填图绘制的。从GEO辐射图也可以适当划分出由于基岩和土壤覆盖中高铀含量产生的土壤气的高氡浓度危险区。SGU在正常铀含量2×10^{-6}～10×10^{-6}基岩或土壤地区进行了大量的土壤氡测量，结果表明，地下氡浓度变化在1×10^3Bq/m^3～2×10^5Bq/m^{3}范围内。在土壤氡浓度高的地区，所规划的住宅应该建成可防止地下氡渗入的住宅。

明矾页岩和富铀岩石中的铀变化在50×10^{-6}～350×10^{-6}范围。用这种页岩制造混凝土地基始于20世纪20年代（已知有高铀），但直到50年代方提出质疑。测量这种地基室内的氡始于70年代初，测量用这种材料制作的建材是在70年代后期。用明矾页岩尾矿作地基，可使建筑物室内氡浓度竟达到400Bq/m^3～1600Bq/m^3。

在瑞典，20世纪70年代末防氡起初是针对那些在用明矾页岩制造的多孔混凝土地基上建造的房屋，而后来则更注意土壤氡高的相应房屋。

20 世纪 80 年代瑞典室内氡测量主要使用径迹法和活性炭法，少部分使用过滤器法、热释光法或射气仪法（径迹法 3 个星期，活性炭法 5 天 ~ 7 天，射气仪法测量结果变化大，但速度快，测孔深 1m 为宜）。大气对射气仪法的干扰主要取决于土壤的孔隙度和渗透率。土壤氡调查的目的，主要是使房屋建成后，室内氡达到标准要求。当然使室内氡高的另一个因素是建材，尽管它在室内氡组成是第二位的，但也应注意。

明矾页岩区中土壤氡为 $50\times10^4Bq/m^3$ ~ $180\times10^4Bq/m^3$；富铀花岗岩地区土壤氡为 $20\times10^4Bq/m^3$ ~ $50\times10^4Bq/m^3$。

由于这种高氡土壤的存在，如果住宅每小时通风率为 0.5 次/h，土壤氡对流大于 70L/h，土壤氡在 $50\times10^4Bq/m^3$时，会在室内产生大于 $70Bq/m^3$的氡浓度。如果没有通风，室内氡浓度则高得多。当土壤氡对流大于 70L/h 时，室内氡浓度就更高了。

此外，瑞典 SGU 在中部的 Narke 县进行调查，目的是要确定新建住宅区内土壤氡的浓度。使用的方法有瞬时的射气测量、径迹法、地面和浅孔 γ 法。

测量结果为：北部和西北部（冰碛物中石灰岩碎块占多数）土壤氡比正常值略高（$3000Bq/m^3$ ~ $30000Bq/m^3$）；南部和东部（冰碛物中明矾页岩碎块占多数），土壤氡为 $3\times10^4Bq/m^3$ ~ $1\times10^5Bq/m^3$，但当潜水面距地表近时，土壤氡较低（这是因为潜水面阻止明矾页岩冰碛物中的氡运移到地表）。在 Rodfyr 地区，当地层倾斜时，Rn 浓度可达到 $1\times10^5Bq/m^3$。

对土壤氡高的地区，他们对建筑物采取了特殊的防氡措施。

4. 荷兰—比利时边界住宅与土壤氡关系研究

研究室内环境氡与周围土壤（岩石）气氡的关联性，应认真考虑从富铀到贫铀岩石（土壤）等引起的氡的变化，为此调查了位于荷兰与比利时边界的 Eijsden—Vise 有代表性的地区。1992 年 2 月，在比利时的 Vise 乡的 116 户住宅中进行了活性炭法测氡（埋杯 24h），其结果氡浓度为 $116Bq/m^3$，而在相邻的荷兰一侧的 Eijsden 乡，由于土壤（岩石）的核辐射较低，1993 年 3 月对其中的 42 户住宅进行了同样方法的测氡，其结果为 $46Bq/m^3$。在 Eijsden 乡，对其中的 15 户住宅还进行了不同楼层的氡积分测量，其结果显示，室内空气氡浓度从一楼地下室向上逐渐降低。另外，26 座房屋周围土壤氡水平与室内空气氡水平呈明显的正相关关系。由此看出，研究区内室内空气氡水平的变化主要是由其周围土壤中氡水平的变化造成的。

在荷兰，全国性氡调查结果表明：室内年平均值为 29Bq/m³（变化范围为 8Bq/m³～118Bq/m³），个别的住宅氡高达 3500Bq/m³。在比利时（土壤核辐射水平较荷兰为高）也进行了类似氡调查，其室内氡年平均值为 53Bq/m³。

虽然岩石（土壤）中镭（铀）是主要氡源，但也应看到，室内环境及建材，特别是岩石建材和生活用品（如水和煤等），也会造成室内氡的增高。除此之外，来自土壤（岩石）的氡的高低还取决于主岩矿物成分的射气系数、孔隙度、土壤湿度、温度和渗透率，甚至风力和压力对氡从土壤中析出也会起一定作用。地质环境和物理化学条件是氡析出的重要因素。

为了评价土壤氡与室内环境氡的相关性，在不同的地质单元布设了 26 个测点，氡浓度随着不同的地质单元变化很大（700Bq/m³～107000Bq/m³，平均值在 10000Bq/m³）；其中在富铀（镭）地区，氡的平均值为 16000Bq/m³，在低铀（镭）区，氡的平均值为 2000Bq/m³。这些数据，经处理后发现，土壤中氡浓度与一层楼室内氡明显相关（$R=0.63$，$P<0.005$）。有些地区，土壤中氡与室内氡测出的直接数据不存在明显的正相关关系（$R=0.65$，$P<0.01$）。

在 Bijsden—Vise 地区，已经证明夏季土壤氡和住宅氡浓度变化都很大。如地下室内氡往往是一层室内氡的 2 倍。

5. 瑞士关于土壤氡—室内氡关联性研究

由于氡在居民的吸收剂量中占有相当大的比重，因此，瑞士政府在 1987—1991 年开展一项 RAPROS（氡计划）的科研活动，目的是评价瑞士氡辐射的全面情况。

瑞士住宅室内氡平均为 60Bq/m³～70Bq/m³（相当于 2.2mSv 剂量），但也发现一些氡浓度远超过 1000Bq/m³的居室，他们认为，建筑物正下方地基的土壤是室内氡的主要来源。影响土壤氡浓度和迁移的主要原因一般有：镭含量、射气系数和土壤渗透率等，而渗透率变化可超过几个数量级，是地下氡迁移的主要因素，镭含量从根本上说决定氡在土壤中的浓度高低。尽管断裂构造、氡的射气系数等因素在某些特定条件下也起决定性作用，但它们都是第二位的。瑞士有不少喀斯特溶洞体系，它们中的氡往往比建筑物内空气中氡高出 10 倍～100 倍。因此它们能通过断裂、节理、裂隙等构造或管道等迁移到建筑在上面的住宅室内，使氡增高，并在很多情况下特别是低层建筑决定着室内氡的浓度。

瑞士家庭氡污染的主要原因：一是使用含镭发光油漆制造的表盘；二是住宅下石灰岩喀斯特溶洞中氡的渗透，三是其他原因。尽管石灰岩中镭的含量很低，仅为

20Bq/kg，但由于它形成压力低的溶洞，因而周围岩石产生的氡会累积在洞中，它可以迁移到其上的住宅。

根据地质情况，可将整个瑞士划分为3个主要区域：即侏罗区，主要分布沉积岩（侏罗纪石灰岩）；高原区，主要是沉积盆地，分布有新生代砾岩和石灰岩；阿尔卑斯区，分布有从沉积岩成因到岩浆岩成因的各种类型岩石。

经检测，全国室内氡浓度原始数据简易平均值为130Bq/m^3，如果将人口密集、建筑物类型和冬季/夏季比例计算在内，则室内氡浓度平均值则为65Bq/m^3。值得说明的是：①单个数值的变化可达3个数量级；②高原区（砾岩和石灰岩）室内氡浓度平均值数十个Bq/m^3，而山区（有火成岩）室内氡浓度则可达几千个Bq/m^3，甚至有的达到10000Bq/m^3；③全国室内氡浓度超过150Bq/m^3有10%，超过500Bq/m^3的只占1%；④州之间的边界与地质界线不完全对应，使统计产生困难，如伯尔尼州，三种地质现象都有，但只按地理区域统计；⑤由于处在不同的地理和文化区，每个家庭氡浓度差别很大，如纳沙泰州和格劳宾登州就差别很大，有的高达约4000Bq/m^3，有的只有数十个Bq/m^3。

瑞士氡计划（RAPROS）中的一部分任务是研究室内氡浓度与地下特征之间的关系，目的是避免土壤高氡区对其上住宅的危害。主要情况有：

1）由于瑞士的地理和地质的复杂性，为便于研究，只选择了Siat（GR）和Bosco Gurin（Tl）两个区进行Rn调查研究。结果表明，室内氡增高区一是由于地基下的土壤是由含有大漂砾的粗粒坡积物组成，其中发现有从小到大的孔隙，从而是增加了土壤气的渗透性，使土壤氡易于迁移到室内，二是地下室没有混凝土底板，地下的氡易于进入室内，特别当室内是负压或减压（空调开时）时，地下的氡更易进入室内。

2）研究过程中还发现，土壤性质的局部变化会导致室内氡浓度的变化，为此，选择了Schmitten和Lasagne两个村庄进行调查研究，发现了这两个村庄的室内氡浓度比预期的要高，经查发现这两个村庄是建在出露的、贫镭的石灰岩之上的，是由地下的溶洞的高氡导致的。

3）除上述发现外，在高原上的起居室内观测到的氡浓度相当低，这是因为被调查的这些建筑物是位于贫镭的砂岩上，而且地下室的混凝土底板阻止了地下氡的向室内的流入。

4）为进一步深入研究喀斯特溶洞对其上建筑物室内氡的影响，同样选择了上述的Siat和Bosco Gurin地区，其深部均为高度喀斯特化的石灰岩，表层为很薄的第四纪沉积物。在建造房屋时，一般是将其上覆的沉积物去掉，这样，房屋通常是直接建在出露的石灰岩上。调查结果发现，许多喀斯特溶洞空气中的氡浓度比室内氡要高出 10 倍 ~ 100 倍。曾对 44 个喀斯特溶洞中空气氡进行调查，其中 18 个氡浓度均超过 3000Bq/m^3，比瑞士的室内氡浓度高出 20 倍以上，因而这种氡可通过地下断层和孔隙做较大距离的迁移至室内，即使有小裂隙或断层存在的地方，室内的高氡水平也与溶洞有关。在这种情况下，即使是小的压力差，也会使大量的氡从地下流向起居室内。

6. 奥地利关于土壤氡—室内氡关联性研究

奥地利蒂罗尔州西部 Umhausen 村，共有 2600 个村民，其中有不少住宅室内氡浓度特别高，发现的肺癌及其死亡率比整个州（62 万人）都高。特别是在 Otztaler Ache 和 Hairlachbad 两条河之间的地区室内氡浓度高并呈串珠状。该区为花岗片麻岩大滑坡的冲积扇，A 区有 178 户，一层室内氡浓度年平均值为 1868Bq/m^3，最小值为 96Bq/m^3，最大值为 2467Bq/m^3。根据 ICRP 模型计算了相应的年照射量，A 区年照射量为 58.8×10^5Bq · h/m^3；B 区年照射量为 5.7×10^5Bq · h/m^3。

在 Umhausen 村，冬季一层室内氡有 71% 住宅超过奥地利国家标准（400Bq/m^3），夏季有 33% 超过。1992 年 7 月在该村的一个地下室测量到的氡值高达 274000Bq/m^3。高氡值是因为该住宅建在花岗片麻岩大滑坡冲积扇上，除镭含量高外，滑坡物质（土壤）破碎强烈，并有着高的射气系数和扩散系数。

为了确定氡浓度的年平均值，采用冬夏各测量一次然后计算年平均值的可行方法，测量方法是活性炭液闪法。

1992 年 1 月 ~4 月，在 346 户住宅的一层测量的氡浓度为 20Bq/m^3 ~ 88000Bq/m^3（中值为 1180Bq/m^3）；1992 年 7 月，在 312 户住宅中的一楼测量的氡浓度值为 15Bq/m^3 ~ 52000Bq/m^3（中值为 210Bq/m^3）。1 月 ~4 月相应住宅的地下室的氡浓度值为 21Bq/m^3 ~ 21000Bq/m^3（中值为 3750Bq/m^3），7 月相应住宅的地下室的氡浓度值为 28Bq/m^3 ~ 274000Bq/m^3（中值为 361Bq/m^3）。利用一层的氡浓度值计算年照射量。

经分析，在阿尔卑斯最大的结晶岩滑坡带，大量的花岗片麻岩都产在 Umhausen 村的南端，而 A 区正位于发生岩石滑坡的冲积扇内，在这里岩石滑坡的土壤和冲积扇土壤都具有极高的渗透率，利于氡向住宅迁移；而 B 区是位于副片麻岩和云母片岩起源的另一冲积扇的。云母含量较高使之具有较低的渗透率。

7. 印度关于土壤氡—室内氡关联性研究

在印度的东北部地区 5 个不同地点的住宅中进行了氡测量，使用固体核径迹探测器径迹法照射 3 ~4 个月。24 个镇室内氡平均值 81Bq/m³。

ICRP - 65（ICRP，1993 年）推荐的住宅氡标准为有效年剂量当量 10mSv 是合理的，而行动水平为 3mSv/a ~10mSv/a。根据这个推荐，室内氡应不超过 200Bq/m³。

经检测和研究发现，印度西北部的 Doon 河谷中土壤氡与室内氡存在着密切的关系，即室内氡主要取决于土壤（岩石）的铀含量、断裂构造及房屋结构。

影响氡由土壤（岩石）进入室内的因素有：不同界面（土壤—空气，建材—空气）、压力（温）差引起对流、岩石的渗透率、房屋构造的支承性、土壤的裂隙度、房屋的开放程度、地点、时间、离地高度和气象条件，以及通风、热系统和建筑风格等。

在印度喜马偕马邦 Hamirpur 地区，对住宅用胶片 LR—115 Ⅱ型的径迹法进行氡测量，发现氡浓度相当高，竟比其他机构推荐的氡浓度值高出 5 倍 ~8 倍。

五个村室内氡平均值相应为 730、660、1060、880 和 710Bq/m³，其中室内氡最大值出现在 Gallot 村（平均值为 1060Bq/m³），经分析研究，该村室内氡高是由于其下方的铀矿造成的。同时也发现氡浓度在房顶比四周墙所在位置低，通风好的房屋氡浓度也会低。

印度室内氡浓度平均为 81Bq/m³，在世界范围内是比较高的，这是因为他们监测的地区是选在高铀地区所致。

铀在煤灰平均含量为 29.1×10^{-6}，在炉渣中平均含量为 25.7×10^{-6}，在煤中平均含量为 17.1×10^{-6}。这些值比北美阿巴拉契亚山脉，美国犹他州、亚拉巴马州，以及日本、西班牙、挪威、芬兰和希腊的煤灰都高，与美国的相应值相当。铀含量高会形成土壤氡高，使环境和室内氡增高。

8. 德国关于土壤氡—室内氡关联性研究

早在 1980 年德国就对 2 万户住宅进行氡测量，结果是 3% 的房屋超过 300Bq/m³，少数超过 500Bq/m³，有一房屋为 1250Bq/m³，而在地下室都超过 300Bq/m³。高氡的室内都是由地基下断裂构造和地下水携来的氡引起的，当地基下有水泥屏蔽时，室内氡就不那么高。

将 Dottingen 村房屋分为三类进行氡测量：

第一类，最近 20 多年（20 世纪 90 年代）建筑的，水泥地板上具有绝热、防潮的现成房子。测量结果：地下室氡浓度为 35Bq/m³，一层氡浓度为 28Bq/m³；

第二类，重建的老房子（20 世纪 80 年代）。测量结果：一层氡浓度为 40Bq/m³，二层氡浓度为 25Bq/m³，地下室氡浓度平均为 480Bq/m³（调查的 37 座房屋氡

浓度的变化范围为 $150Bq/m^3 \sim 850Bq/m^3$）；

第三类，最古老房子，地下室氡浓度为 $1560Bq/m^3$（4 座房屋的平均值），一层氡浓度为 $610Bq/m^3$，二层氡浓度为 $480Bq/m^3$。地下室的底部由泥沙混合物组成，局部用水泥盖住。

通常，由地下室到一层氡浓度减少 1/3，到二层氡浓度又减少 1/2。

土壤中氡变化范围在 $5\times10^3 Bq/m^3 \sim 1.5\times10^4 Bq/m^3$，个别数值达到 $6\times10^4 Bq/m^3$，而且高氡出现在潮湿的春季和夏季，冬天氡浓度较低。

9. 中国香港特区关于土壤氡—室内氡关联性研究

用 FD－3017（RaA）测量土壤氡。香港地区氡比世界平均氡高得多，因此，特别要注意低层建筑地基下引起的室内氡。水泥与砖等建材则可能是高层建筑重要的氡源。另外，香港人口密集、居住空间不大，对室内氡浓度也会产生影响。

土壤氡测量选择了 12 个不同（土壤）岩性的地区进行，结果如表 2－12。

表 2－12　中国香港不同类型土壤氡浓度

序号	地　区	土 壤 类 型	氡浓度（$\times 37Bq/m^3$）
1	鹤咀山	RB_P	1190. 29 ±117. 66
2	宝湖	RB_P	2529. 69 ±220. 15
3	落马洲	LMC	2854. 18 ±209. 42
4	九龙	NH、SK	4867. 35 ±436. 23
5	大潭	RB_P	8089. 68 ±306. 73
6	篮坛岛	RB_P	13444. 32 ±1075. 22
7	陶喇呒涌	NH	37711. 14 ±903. 11
8	元朗	A_V	38949. 90 ±2061. 64
9	高岛	RB_P	54566. 12 ±1690. 16
10	城门	NH、RB_P	85019. 34 ±3577. 53
11	薄扶林	MC、RB_P	101174. 28 ±4096. 27
12	芝麻湾	CC	126469. 33 ±3454. 32

香港地区大部分处在花岗岩和其他酸性火成岩基岩上，土壤中氡浓度较高，水中氡也相应较高。

10. 加拿大关于土壤氡—室内氡关联性研究

加拿大早期以800Bq/m³作为一般生活区的氡照射年平均浓度。20世纪90年代后随着社会经济和科技的进步，将400Bq/m³作为限值，后来又改为150Bq/m³作为室内氡的限值。加拿大主要利用航空γ能谱测量、核地化测量、区域地质和遥感测量，划分出潜在高氡区。认为高氡区是室内氡的主要来源，并进行实地调查。在高氡区他们选出41个村镇的760户住宅进行室内测氡。在环境的低氡区内也选出了16个村镇的266户住宅进行比较的室内氡测量。其结果发现，在土壤（岩石）高氡区内查出40多户住宅氡浓度超400Bq/m³（超过限值的1倍~3倍），其中有7户超过800Bq/m³。而在土壤（岩石）低氡区中无一户住宅室内氡超过400Bq/m³。

加拿大在1977—1980年之间，又曾对全国的14000个家庭室内氡进行测量，其结果只有0.1%的住宅氡超过800Bq/m³。在横跨加拿大范围内，公共检测系统所进行的氡室内测量结果表明，氡浓度几何平均值从低到高的变化范围为5.2Bq/m³~57Bq/m³。

11. 捷克—德国关于土壤氡—室内氡关联性研究

1989年和1990年在捷德两国边界的佩特罗维策和雅希莫夫两城市进行了居民住宅室内氡测量，以进一步说明肺癌与住宅高氡的关系，说明室内高氡与地下铀矿的关系。

佩特罗维策城（镇）位于中波希米亚花岗岩体构造断裂上。经测量，这里有77%的家庭氡浓度超过200Bq/m³。雅希莫夫则位于一铀矿上，有62%的家庭室内氡超过200Bq/m³。但其中有22%家庭氡超过600Bq/m³和3%家庭氡超过2000Bq/m³。在东波希米亚区，对所有饮用水源，都进行了氡测量，在567个饮用水源测量中，仅有8%的水源氡超过50Bq/L。

对天然气中的氡也进行了测量，测量结果表明，氡可通过饮用水和天然气两种途径进入室内。

12. 韩国关于土壤氡—室内氡关联性研究

韩国釜山国立大学物理系与日本国放射性生态研究会合作，对韩国的首尔、釜山、大田、大丘等6个城市的室内外及土壤（岩石）中氡进行了测量，其结果表明：

1）室外环境氡平均值为15.8Bq/m³（10.1Bq/m³~24.4Bq/m³）；室内30.2Bq/m³（16.0Bq/m³~65.0Bq/m³）；土壤氡为7700Bq/m³（3900Bq/m³~23100Bq/m³），土壤氡是室内氡的255倍，室内氡是环境氡的2倍。

2）室内氡高低与气候有关，通常氡浓度在冬天比夏天高。

13. 日本关于土壤氡—室内氡关联性研究

日本大津女子大学环境科学系采用活性炭吸附法（在25mm高、20mm直径的器皿中装填1.2g活性炭和2.0g的硅胶）和闪烁氡仪，对东京及其毗邻的神奈川、千叶、奇玉和茨木等地区的不同结构的387座房屋（木结构的185间、混凝土结构188间和其他结构14间）的室内氡进行调查。结果是平均值为22.7Bq/m^3（变化在0.7Bq/m^3～140Bq/m^3），其中混凝土结构为29.2Bq/m^3、木结构为20.2Bq/m^3和其他结构为16.3Bq/m^3。

由于土壤、岩石等是室内氡的主要来源，所以随楼层的增高，室内氡逐渐降低。

14. 英国的氡调查检测

英国的氡调查检测结果如表2－13、表2－14。

表2－13　英国氡危险区的划分与房屋情况

地　　区	>100Bq/m^3（%）	房屋数量（万间）	超标数量（万个）
高危险	<5	2300	12
中危险	5～30	350	23
低危险	≥30	50	15

表2－14　英国对氡浓度超标房屋的估计（HPA2009）

地　　区	>200Bq/m^3	房屋数量（万间）	房屋数量>200（万个）
未受影响地区	<1%	2300	2
受氡影响地区	>1%	350	8
新建房屋完全采取防护措施地区	≥10%	40	4
地　　区	>100Bq/m^3	房屋数量（万间）	房屋数量>200（万个）
未受影响地区	<5%		12
受氡影响地区	≥5%		35
新建房屋完全采取防护措施地区	≥10%	40	4

15. 小结

13个国家和1个地区进行的多种方式的关于土壤氡—室内氡关联性研究数据表明：

1）室内环境氡浓度主要取决于土壤（岩石）中氡浓度，而后者则主要取决于土壤（岩石）中铀（镭）的含量、土壤渗透率、氡的射气系数和扩散系数、断层构造以及由岩石溶解于水的铀含量、温度、湿度和压力等。

2）同时也应看到，室内环境的氡，特别是三层以下的低层建筑（含地下室）主要取决于土壤（岩石）中氡，随着楼层的增高，这种关联性逐渐减弱，然而，室内用于建筑装饰的建材，特别是岩石建材，以及摆件、生活用水（特别是地下水）、生活用品（煤和天然气等）、气候（温度、湿度、风力、压力等）等，将随着不同情况对室内氡浓度起着不同程度的作用，有时也会起到主要作用。

3）室内氡、环境氡与土壤（岩石）氡浓度存在着某种范围的可比性。

第二节 欧美等国的氡防治

欧美等国的氡防治体现在发挥防氡降氡建设规划的作用，以及具体的建筑氡防治技术上。

一、防氡降氡建设规划

进行城乡建设规划时即考虑防氡降氡问题是防氡降氡技术的重要方面，在规划建设时对防氡降氡提出具体要求是防氡降氡建设规划的实质内容。欧美等国在编制建设规划时考虑的防氡降氡主要要求有：

1）不应将建筑物，特别是民用住宅，规划建设在高放射性富集区内，例如，富铀花岗岩区、铀矿带化区、断裂构造带（特别是正在活动的新构造）、富含镭的油气田水流径区、富铀磷块岩区、富铀煤区、富铀铁矿区和富稀土矿区等。

2）建设规划的建筑物不能过于密集，否则也将增加室内环境甚至大环境的氡浓度。

3）建设规划制订前，务必对规划区的土壤氡浓度进行测定，有深水源时要测水中氡和在偏高铀区内要测地面 γ 放射性。

二、建筑防氡降氡技术

发达国家的防氡降氡技术包括多方面内容，最关键的是堵住氡源，在建筑工程设计前对其场地及周围的土壤氡进行测量；同时注意科学设计（其中最重要的是合理通风），建筑材料应是环保的，施工应规范，必要时采用防氡涂料等技术。

1. 新建建筑防氡技术

(1) 屏蔽隔氡技术

屏蔽土壤氡进入途径是目前国外特别是欧洲国家独立式结构建筑采用最多的技术，其原理是采用致密材料（DPM 膜）将土壤地基产生的氡气阻隔，如图 2－2、图 2－3 所示。

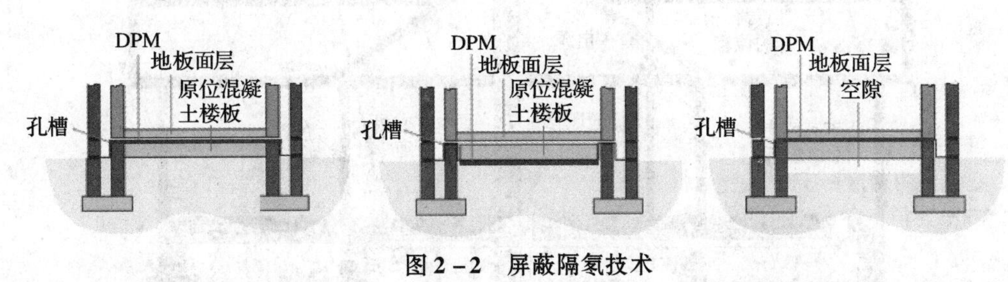

图 2－2 屏蔽隔氡技术

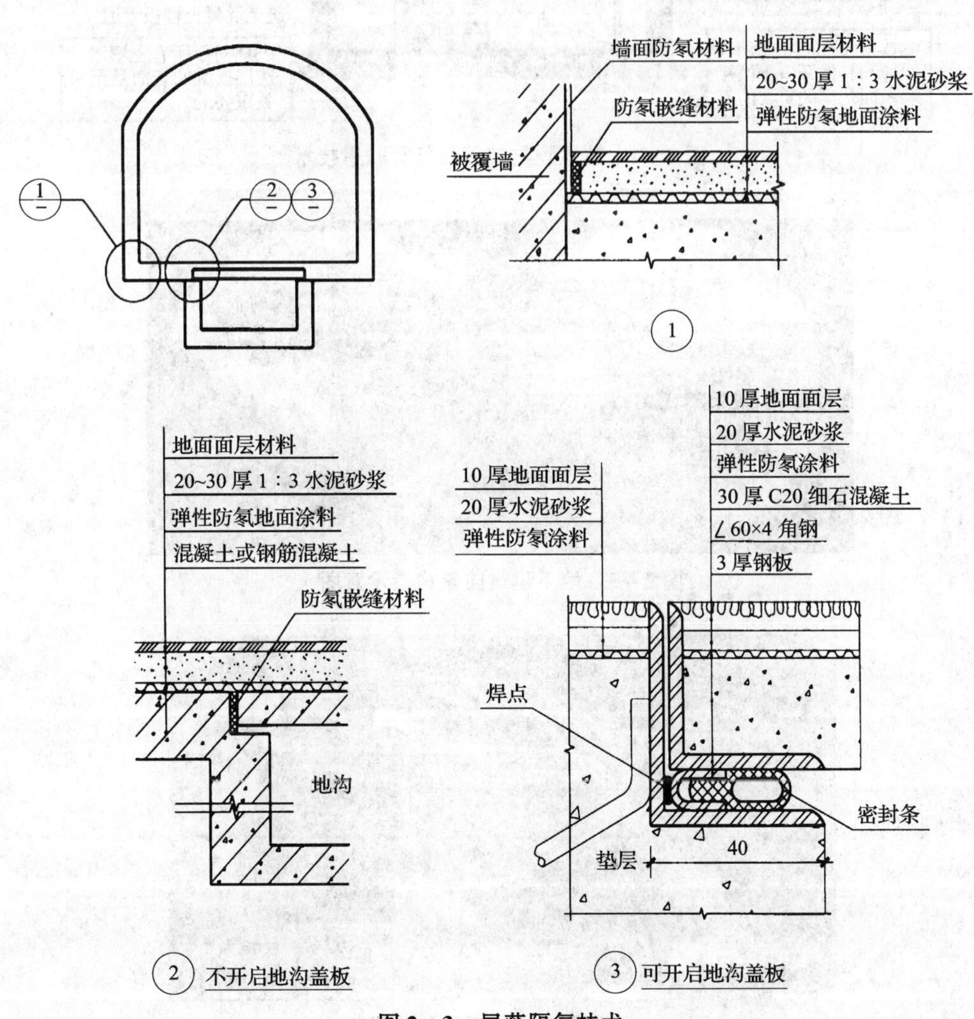

图 2－3 屏蔽隔氡技术

(2) 综合防氡技术——防氡膜与减压抽气管联用技术

防氡膜与减压抽气管联用技术如图 2－4～图 2－6 所示。

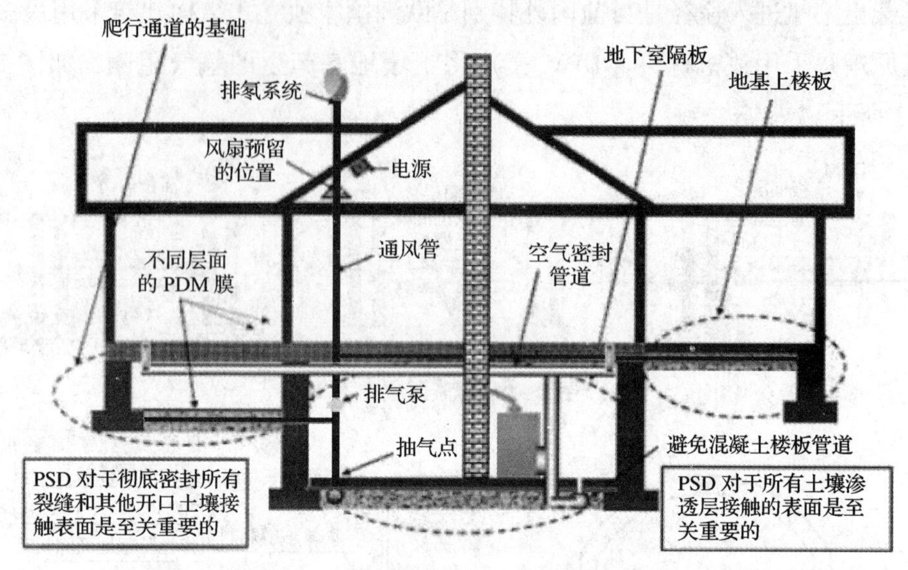

图 2－4　防氡膜与减压抽气管联用技术

图 2－5　地下建筑防氡构造示意图

图 2－6　防氡膜与减压抽气管联用技术

(3) 气井减压法（适用于透气性差、板结土壤）

气井减压法可分为主动减压法和被动减压法两种，主动减压法需要采用抽气泵，运行成本高；被动减压法依靠气体扩散，基本不需要运行成本。示意图如图2－7、图2－8所示。

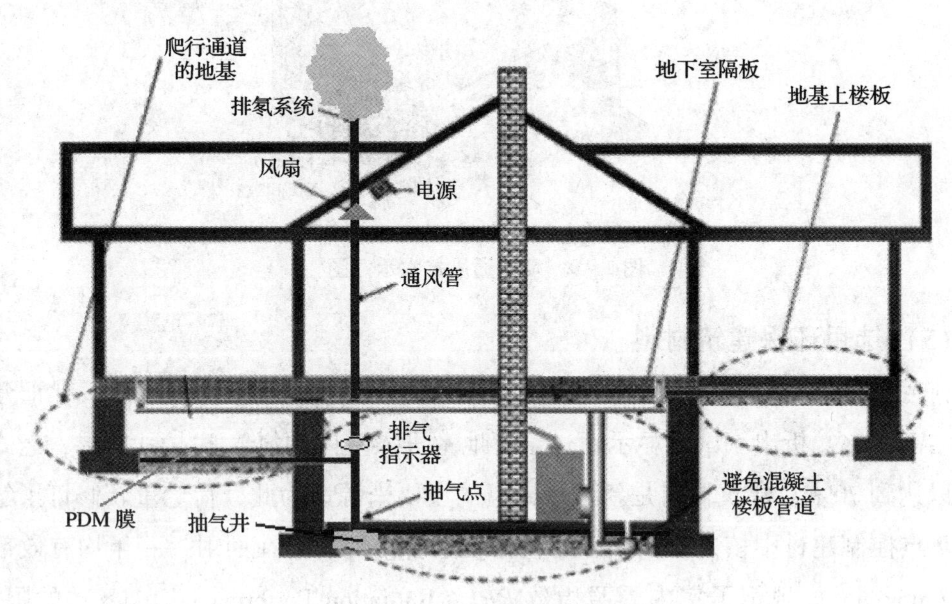

图2－7　气井减压法示意图

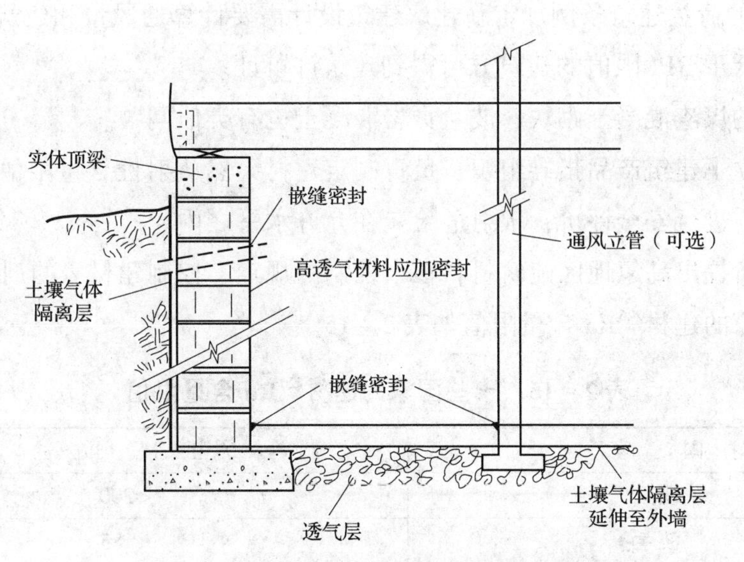

图2－8　地下室墙和地板的建筑隔氡构造措施

(4) 墙体通风技术

方法要点Ⅰ：将1根～2根管子插到每一面墙中，并用排风扇把氡从墙中抽出排到室外，或用风扇向墙内鼓气加压以防止氡从土壤进入墙中，如图2－9所示。

方法要点Ⅱ：绕地下室护墙四周安装金属护壁板，然后在护墙内侧钻一些孔直通砌块砖的中空部分，采用排风管将氡排出。

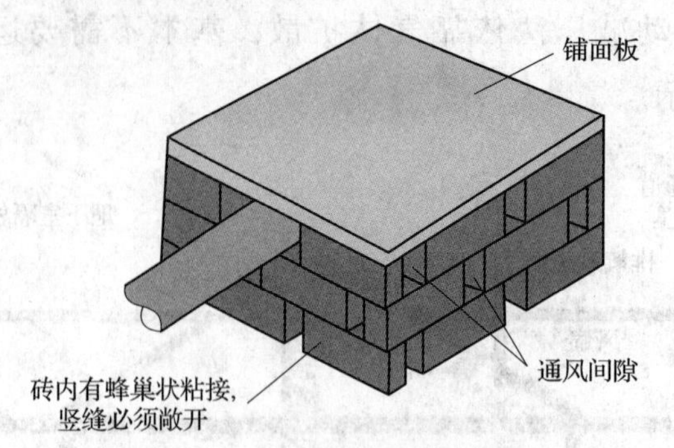

图 2－9　墙体通风技术示意图

（5）选用环保建筑材料

荷兰于 1985—1994 年的调查显示新建房屋中氡水平均值为 28Bq/m^3，比旧建筑平均增高 25%。析出率试验显示通过土壤地基进入室内的氡气只占到 15%，老式房屋可以达到 70%，建筑材料是新建房屋氡的主要来源。为此，荷兰重新修订了氡政策，重点控制建材中核素。根据居住者在住宅中受到的潜在照射——年均有效剂量率 *E*（mSv/a），规定了室内受照指数 *RPI*（Radiation Performance Index）的限值，2002 年实施的荷兰建筑条例规定新建房建筑设计需要计算通风量和建筑材料放射性含量，只有低于 RPI 限值的建筑方可得到建筑许可证。

匈牙利的煤渣混凝土砌块、波兰页岩混凝土也有类似问题。

欧盟成立了建筑产品指导组织，负责制定建材天然放射性含量限值标准。规定对所有建材需进行安全评价，辐射危险应在允许水平之内。

英国准备提出高氡地区建筑材料核素控制的规定，控制建材氡的剂量贡献。

一些国家的建材 ^{226}Ra 含量限值如表 2－15。

表 2－15　一些国家的建材 ^{226}Ra 含量限值

国　　家	^{226}Ra 含量（Bq/kg）
挪威	<200
波兰	<185
捷克*	80（建议）
	120（强制）
瑞典	<200（上限水平）
	<100（豁免水平）

注：* 表示停留时间超过 1000h/a 的房屋。

2. 既有建筑降氡技术

既有建筑降氡技术包括：查找氡源、减少氡的进入途径、底层房间封堵地面与墙面裂缝、管道缝隙、地漏与裸露土壤处理，多层高层建筑防氡涂料或涂层使用、通风驱除室内氡气技术、自然通风、强制通风、空调系统使用、过滤净化装置使用等，在使用过滤器时需注意：过滤器的效率越高，其清洗与更换问题越大。

国外模型化研究表明，氡进入房间的主要途径之一地基墙与混凝土地板之间的缝隙，当建筑物发现氡进入的速率很高时，通常对流起着重要的作用。在材料的固体基质中，任何类型及任何尺度的裂缝和裂隙都是有害的，它们扩大了建筑室内和地基土壤间的压力和温度差对氡的对流传输影响。在基岩中的构造裂隙、土壤龟裂、建筑物地基中类似的不均匀性，所有这些都是氡以高的速率进入许多建筑物的直接原因。这些研究还表明，缝隙宽度一旦超过 0.5mm 时，进入率就不再明显增加。同时分析研究表明，土壤渗透性的影响是主要的，地板下面的砾石层使氡的进入率显著增加。在典型情况下，砾石与土壤的渗透性比值超过 100，土壤的渗透性不到 $10^{-9}m^2$，砾石充填层使氡的进入率增加 3 倍 ~5 倍。渗透性使氡以对流方式进入室内有很大影响。土壤的渗透性范围变化很宽，从均匀黏土的小于 $10^{-16}m^2$ 到清洁砾石的大于 $10^{-8}m^2$，变化超过 8 个数量级。对于中等渗透性（$k>10^{-12}m^2$），进入率正比于渗透性和缝隙两端的压力差。

研究还表明，氡进入大气的主要机制是分子扩散，氡气在岩石中的扩散主要取决于孔隙度、透水性、湿度、结构和温度等。氡进入建筑物室内主要来自建筑材料中的氡的扩散作用和土壤中氡通过混凝土的扩散。扩散系数与充气孔到气流通道的氡浓度梯度有关。

德国联邦政府在 2006 年颁布了德国第一部关于放射性氡气防护的法令；该法令规定：必须把建筑物内的放射性氡气浓度限制在 $100Bq/m^3$ 以内。对新建建筑必须采用恰当的建筑设计、建造工艺和建筑材料，使建筑物室内氡浓度在建筑物的使用期限内始终不超标，在氡气浓度超标的旧建筑物中，必须采取防治措施把氡浓度控制在法令规定的限值以内（$100Bq/m^3$），而且，所采取的防治措施必须是长期有效的。

早在 2006 年德国联邦政府颁布该法令之前的数年中，德国射线防护委员会就建议要对室内氡浓度超过 $250Bq/m^3$ 的建筑物采取氡气防治措施。

从 2006 年至今，德国的建筑物氡气防治工作给人的整体印象是平静、顺利、有效的；分析其原因主要有以下几点：

1）政府确定的氡气防治标准简单、明确，并且以立法的形式予以颁布、执行。

2）政府向公众普遍告知了室内氡浓度超标对人体健康的危害。

3）民众依法维权意识强，防氡责任人违法及违约成本高。

4）氡气检测机构独立、专业。

5）防氡企业技术储备充足，防氡材料及施工工艺技术成熟。

6）政府及行业协会不强制指定具体的防氡施工方案，检测机构只对防氡工程的实际效果做是否合格的评价，既杜绝了防氡企业为防氡失效找借口，也避免了新技术被排挤。

关于防氡材料的使用，德国防氡业界有以下共识；即检测人员通过科学检测手段得到某种材料的氡气扩散长度，当这种材料固化后的实际厚度达到其氡气扩散长度的3倍以上，就可以认为该材料具备密封隔离氡气的功能。但这种材料要在防氡工程中真正能长期有效地密封隔离氡气还要依赖它的其他特性，例如：能够用于所有矿物质基面并对矿物质基面有保护作用，特别是不能导致混凝土基面劣化；防氡涂层要耐磨，防氡涂料可涂刷在地面上而且有利于之后的装修饰面工程；防氡涂层固化后要有弹性，其延展率大于30%；防氡涂层的抗拉强度大于0.8MPa；防氡涂层的黏结强度大于1.0MPa；防氡涂料能够弥合基面裂缝（大于2mm）；防氡涂层的抗渗压力大于0.6MPa等。另外，考虑到土壤中的氡气往往以水或潮气为载体侵入到地下室室内，防氡涂层还必须具备持久的防水能力；即所谓防水材料不一定能防氡，但防氡材料必须能防水；防氡涂层的固化收缩率（90天）小于0.25%；防氡涂层具备良好的抗老化能力；防氡涂层在不添加化学除霉剂的前提下能抵御霉菌破坏等。

俄罗斯对既有建筑的降氡方法有如下建议（表2-16）：

表2-16　俄罗斯减缓方法的建议

危险等级	剂　量	室内 C_{Rn}（Bq/m^3）	减缓措施
氡安全住宅	未超过最大容许剂量	$< 150 \sim 200$	
低危险住宅	略超过最大容许剂量	200～500	自然或人为通风
中危险住宅	超过最大容许剂量较多	500～1000	压入式或机械通风
高危险住宅	危险性较大	$n \cdot 10^3 \sim n \cdot 10^4$	特别措施

不同的降氡方法比较如表2－17：

表2－17　不同的降氡方法比较

方　式	降低率	防护因子	安装费用（£）	年运行费用（£）
自然通风	50% （0～99%）	0.50	0	2600 （650～4550）
强制通风	50% （0～99%）	0.50	2300 （1300～3250）	1500 （500～2500）
房屋减压	75% （50%～99%）	0.25	6500 （3250～9750）	2100 （1000～3200）
封堵进入途径	25% （0～50%）	0.75	6800 （650～13000）	0
热回收式通风	37.5% （25%～50%）	0.63	12000 （7800～16250）	1900 （500～3250）
排气管＋泵	95% （90%～99%）	0.05	24400 （15600～33150）	800 （500～1100）

英国超标房屋降氡改造实例与效果如表2－18：

表2－18　英国超标房屋降氡改造实例与效果

房屋编号	氡水平（Bq/m^3）			措　施	备　注
	改造前	设计	实测		
1	1574	61	64	泵	达标
2	512	22	98	泵＋地板下机械通风	
3	2000	132	132	泵系统	
4	1300	100	52	泵系统	
5	1100	55	42	泵	
6	2300	23	30	泵	
7	1200	71	51	地板沟＋通风	
8	3500	65	128	泵	
9	1400	37	124	泵	
10	2800	14	27	泵	
11	1800	83	86	地板下泵	
12	1200	20	22	泵	
13	1477	13	15	泵	

续表 2-18

房屋编号	氡水平（Bq/m^3）			措施	备注
	改造前	设计	实测		
14	1900	175	203	泵	需要跟踪测量
15	2100	35	1884	泵+地下室排风扇	冬季连续测量均值 $<200Bq/m^3$
16	6200	221	856	封堵，砖+地板下机械通风	排气扇未连续运行
17	1424	202	264	泵	排气扇可能有问题
18	1740	122	474	泵	大房间改小房间，增加新通风系统
19	1800	122	230	地板下机械通风，更新部分地板	室内通风率改变
20	1000	167	263	地板下自然通风	采用密致涂料粉刷墙面裂缝
21	2100	129	293	泵	大房间短期测量，未观察季节变化，需跟踪测量
22	1400	215	305	泵	需要跟踪测量
23	2819	146	597	泵，封堵，新加热系统	
24	5400	46	239	泵	

第三节　欧美等国的防氡降氡标准

1. 土壤氡限量标准确定的依据和数据

(1) 美国

根据美国德克萨斯州、亚拉巴马州和新泽西州对土壤氡浓度测量的结果，在阿巴拉契亚山前地带结晶岩石发育的土壤气中，大于 1000pCi/L 的土壤氡浓度（约 40000Bq/m^3）可能对应于有地下室的房屋产生 10pCi/L 或更高的室内氡浓度（Gundersen，1989 年）。

在纽约州，Kothari 等（1985 年）根据 Sott（1983 年）提出的方案：抽取土壤气分析氡并测定相应在取样深度处土壤的渗透率被广泛使用于评价室内浓度。

劳伦斯伯克利实验室（1987 年）、环境保护机构（1988 年）和美国地质调查所都使用了类似的方法技术。Kunz（1988 年）使用了一个方程来表示"氡指数"与土壤氡浓度、潜水面或基岩的深度和土壤渗透率的关系。美国 EPA 还使用了类似于上述瑞典学者 Akerblom 于 1986 年提出的方案。

美国地质调查局将土壤氡的潜在危害性分为 4 类；即小于 $9250Bq/m^3$ 为 1 类；$9250Bq/m^3 \sim 18500Bq/m^3$ 为 2 类；$18500Bq/m^3 \sim 27750Bq/m^3$ 为 3 类；大于 $27750Bq/m^3$ 为 4 类。

美国有些学者还提出，土壤氡浓度往往是室内氡浓度的 100 倍～150 倍。这样，如果室内氡标准为 $150Bq/m^3$，为保证居民少受氡的危害，土壤气中氡浓度应控制在 $15000Bq/m^3 \sim 22500Bq/m^3$ 及以下。

（2）瑞典

1986 年瑞典学者 Akerblom 等根据土壤中气体的氡含量给出对氡危害进行分类的瑞典标准：小于 $10 \times 10^3 Bq/m^3$（270pCi/L）归类为“低危害”；大于 $50 \times 10^3 Bq/m^3$（1350pCi/L）归类为“高危害”；（10～50）$\times 10^3 Bq/m^3$ 归类为“正常危害”；同时也指出对同样土壤（岩石），当土壤为低渗透率时，可使危害类别降低级别。相反地，高渗透率会使危害类别上升更高的级别。许多国家和地区为预测室内氡危害的一个重要措施，是对相应在土壤（岩石）气中氡进行测量。这就是说，为减少室内氡对人的危害，土壤氡应控制在 $1 \times 10^4 Bq/m^3 \sim 5 \times 10^4 Bq/m^3$ 及以下。

瑞典在 20 世纪 70 年代调查发现一些由明矾页岩、富铀黑色页岩制成的多孔混凝土建造的建筑物内，氡可高达 $200Bq/m^3 \sim 800Bq/m^3$（相当于 0.05 WL～0.2WL），为此，瑞典政府于 1979 年成立全国氡委员会，研究氡和天然核辐射防治措施。经研究调查，该委员会提出三条措施：

1）规定住宅中允许的氡限量：已建成的建筑物室内氡浓度为 $400Bq/m^3$，即平衡氡浓度年平均值（0.11WL）；新建的建筑物室内氡浓度为 $70Bq/m^3$（0.02WL）。具体实施时，已建成住宅限量改为 $200Bq/m^3$；

2）当建筑区土壤氡高时，应采用特殊的建筑技术。常用房屋室内 γ 辐射应小于 50γ 和常用室外场地应小于 100γ；

3）调查全国所有的多孔混凝土地基上用明矾页岩建造的建筑，并研究采取特殊防氡措施（约 30 万座这种住宅）。1980 年对其中 2 万座房屋进行氡测量，其中 46% 的房屋超过 $200Bq/m^3$，14% 的房屋超过 $400Bq/m^3$，2% 的房屋超过 $1000Bq/m^3$，还有少量的房屋竟达到 $4000Bq/m^3 \sim 9000Bq/m^3$。

（3）俄罗斯

俄罗斯将 45 年间积累的 1 亿 8000 万个氡原始数据，以 $5 \times 10^4 Bq/m^3$ 为基线，圈出全国氡危害草图。经比例尺逐步放大的氡测量后发现，几乎所有大范围的室内高氡均落在 $5 \times 10^4 Bq/m^3$ 等值线内，说明 5 万 Bq/m^3 应是土壤（岩石）氡可能造成室内超标氡的限量值。

还有的学者通过大量的土壤（岩石）氡和相应的室内环境氡的对比测量研究后认为：土壤氡随着不同岩性、构造发育程度等各种不同的物理和化学条件，土壤氡是室内环境氡的100倍、100倍～150倍和40倍不等。

根据大部分调查情况，可大致认为地下约0.7m～1.0m处氡是恒定的。

从已收集到的各国调查数据可以认为，各种土壤中的氡浓度大部分都在数千到数万 Bq/m^3 范围内变化（铀矿区上的土壤氡有时可达数十万 Bq/m^3，甚至上百万 Bq/m^3，不在考虑之内），实际工作中数百 Bq/m^3 是少数。

从上述的依据和数据看到，相应于室内环境氡标准为 $150Bq/m^3$ 时，土壤氡限量标准，建议最好分为两种情况三种类型，即：第一种情况，对于人口较稀少地区的三种类型：1类为氡安全区，土壤氡浓度应小于 $2\times10^4Bq/m^3$；2类为氡轻度污染区，氡浓度为 $2\times10^4Bq/m^3$ ～ $5\times10^4Bq/m^3$；3类为氡危险区，氡浓度超过 $5\times10^4Bq/m^3$。第二种情况，对于人口较密集地区的三种类型是：1类为氡安全区，土壤氡浓度应小于 $1\times10^4Bq/m^3$；2类为氡轻度污染区，氡浓度为 $1\times10^4Bq/m^3$ ～ $3\times10^4Bq/m^3$；3类为氡危险区，土壤氡浓度超过 $3\times10^4Bq/m^3$。

2. 室内氡限量标准确定的依据和数据

室内环境，特别是三层以下的低层建筑的室内，从最根本和最原则的角度论，其氡浓度是取决于所在地基下及其周围土壤（岩石）中的氡浓度的，也就是说存在着紧密的关联性。当然，在调研的资料中也发现个别情况下两者的相关性较差，甚至是不相关。分析原因可能在于：①氡是惰性气体，变化的因素也较复杂。如镭的含量（这是最根本的）随岩性不同而变化，即使同类型岩石由于所处氧化—还原环境的不同，也会是不同的；构造本身不产生氡，但它是氡迁移的通道，再加上由封闭状态变为开放状态，压力变低，可聚集周围较大范围岩石，甚至是水中镭生成的氡或早已生成的氡；射气系数理论应是百分之几，但由于土壤含水可增至20%左右；土壤渗透率变化甚至可达几个数量级；温度和湿度的变化；季节和早晚的不同等，都会使同样的氡进入室内变为不同的氡。另外，房屋的建筑装饰材料的不同，底层防氡措施的不同，室内用水类型（地表水或地下水等）和生活用品的不同都会改变室内氡的浓度。②土壤中的镭含量很低，致使室内氡浓度也低，测量误差往往与实际氡浓度相当，难于识别两者的关联性。③三层以上高层建筑室内氡浓度受地下土壤氡浓度的控制往往随层次的增高而减弱或离散。

既然室内氡与土壤氡存在着关联性，也就是说它们之间有内在联系，甚至有

“函数关系”。所以根据对报道资料的分析归纳，认为土壤氡浓度的限量标准，可以相应的室内氡限量为150Bq/m³和有效当量剂为2mSv/a为考虑标准，归纳提出如下参考方案（表2－19）：

表2－19　美国室内氡限量标准参考方案（Bq/m³）

不同地区	1类	2类	3类
	氡安全地区	氡轻度污染区	氡危险区
人口密集地区	<10000	10000～30000	>30000
人口稀少地区	<20000	20000～50000	>50000

综合多方面情况后，美国相继出台了系列标准规范：

《室内氡减缓法》IRAA，100－551，1988；

《新结构住宅防氡技术》EPA/600/8－88/087，1988；

《室内氡治理的国家标准》EPA 402－R－93－078，1994；

《新建民用建筑中，控制氡的基本标准和技术》EPA 402－R－94－009，1994；

《建筑材料镭控制标准的技术支持》EPA/600/SR－96/022，1996；

《实验房：氡进入研究》EPA/600/SR－96/010，1996；

《防氡建筑操作指南》EPA/402－K－01－002，2001；

《防止公众室内氡危害需要采取更多的行动》，2008。

美国计划每年对30万～40万座房屋实施防氡施工或降氡改造目标 。

编制大型建筑标准：

《大建筑主动土壤减压（ASD）示范》[Active Soil Depressurization (ASD) Demonstration in a Large Building]；

《学校与其他大建筑的防氡设计与施工》（Radon Prevention in the Design and Construction of Schools and Other Large Buildings EPA 625－R－92－016，1994）；

《大型建筑对于防氡特性：文献调研》（Large Building Characteristics as Related to Radon Resistance，A Literature Review EPA/600/SR－97/051，1997）；

《大型建筑氡手册》（Large Building Radon Manual EPA/600/SR－97/124，1998）。

建立美国国家数据库，根据国家地质调查局的数据和3141个县室内氡调查结果，美国地质调查局和EPA确定了氡潜势区和危险区。氡潜势区分为4级，在美国三分之一以上的地区被确定为具有高氡潜势区。这些地区的地质岩性和土壤特征主要是：含铀变质沉积岩、火成岩和花岗岩侵入体。岩石变形、剪切造成最高室内氡浓度问题；富黏土的冰渍物和湖成黏土具有高氡辐射；海相黑色页岩；由碳酸岩风化的土壤；含铀冲积物。在这些地区修建房屋需要采取防氡措施。

将氡危险区分为3级：

- 高危险区：平均水平大于148Bq/m³；
- 中危险区：平均水平在47Bq/m³～148Bq/m³之间；
- 低危险区：平均水平小于47Bq/m³。

美国估计约有7%的房屋氡浓度超过EPA规定的150Bq/m³参考水平。

瑞典是受氡影响比较严重的国家，与美国不同的是，瑞典房屋氡浓度偏高的原因主要来自建筑材料。在瑞典大约有30万座房屋是采用以钒页岩（alum shale）为原料的轻型混凝土修建的，钒页岩含铀量在600Bq/kg～5000Bq/kg之间，含镭量在600Bq/kg～2600Bq/kg之间，因此导致了大量房屋中氡浓度和照射量率偏高。早在1975年，瑞典就停止了钒页岩混凝土的生产。1980年瑞典就成立了氡委员会，指导全国氡的研究与治理工作。为了鼓励居民开展室内氡的测量，国家给予一定的财政补贴，并对每座房屋建立了氡的测试档案。对于超过行动水平的房屋，如果采取降氡措施，户主可从政府那里得到一半的补贴。经过20多年的努力，瑞典室内的氡得到了有效的控制，行动水平也由最初的800Bq/m³降至200Bq/m³。

瑞典是根据γ照射量率和土壤氡含量来划分氡易出区的，瑞典将危险等级分为高、中、低3个等级，中、高危险区约占瑞典国土面积的80%。他们还对高、中危险区建造房屋提出了防氡的要求，详见表2－20。氡易出区的划分为建筑物选址和控制室内氡提供了参考依据。

表2－20　瑞典对氡危险区的划分

危险等级	占国土百分比（%）	土层类型	γ照射量率（μR/h）	土壤Rn（Bq/m³）	建造房屋要求
高危险区	10	富铀花岗岩、伟晶花岗岩、矾页岩、透气性好的土质、砾砂或粗砂	>30	>50000	氡安全结构像加厚加固混凝土地基和地基下通风结构
中危险区	70	透气性中等、低或中等含铀岩石和土层	10～30	10000～50000	防氡结构，地基不得有孔洞

续表 2-20

危险等级	占国土百分比（%）	土层类型	γ照射量率（μR/h）	土壤 Rn（Bq/m^3）	建造房屋要求
低危险区	20	贫铀岩石如石灰岩、砂石、初级火成岩或火山岩、土壤致密如黏土	6~10	<10000	常规方法

瑞典还对室内氡浓度辐射的剂量水平和相应的氡浓度进行危险分类，按严重、高、中、低、微不足道和可忽略等6类，针对严重、高、中等3种危险等级提出了需要采取保护性行动的要求。表2-21为瑞典室内氡浓度的危险分类和需要采取的措施。

表 2-21　瑞典室内氡浓度的危险分类和需要采取的措施

浓度级别的分类	程度	需要采取的保护性行动	剂量水平（mSv/a）	相应的氡浓度（Bq/m^3）*	瑞典住房中的氡浓度（Bq/m^3）
6	严重	改建或及时降氡	100~1000	5000~50000 （1000~100000）	测量最高值：84000
5	高	在建筑物中提供庇护场所	10~100	500~5000 （1000~10000）	>800，0.7%
4	中	降低剂量	1~10	50~500 （100~1000）	>400，4% >200，16% 平均100 中值53
3	低	不用采取防护措施	>0.1~1	>5~50 （10~100）	室外氡浓度均值10
2	微不足道	不用采取防护措施	>0.01~0.1	>0.5~5 （>1~10）	室外浓度
1	可忽略	ICRP保护体系以外	<0.01~0.1	<0.5~5 （<1~10）	室外浓度

注：*表示括号外为独立式建筑，括号内为公寓式建筑。

英国健康保护局（HPA，Health Protection Agency）对室内氡有如下建议：

2009年6月HPA对住宅和工作场所氡的控制水平给出了新的建议：执行更严

格的室内氡浓度控制标准，将室内氡的控制限值由原来 200Bq/m^3 降低到 100Bq/m^3 目标水平；英国政府免费向公众提供室内氡的检测，鼓励对于氡浓度大于 100Bq/m^3 的高氡建筑物采取降低氡浓度的补救措施。

2010 年 6 月 HPA 发布了 RCE15《氡对人类照射限值：HPA 对氡的建议》，明确规定新建筑建好后的第一年必须进行氡的检测。

英国的建筑防氡标准有：

- BR376：受氡影响地区 Scotland 新建筑防氡技术标准；
- BR413：受氡影响地区 Northen Ireland 新建筑防氡技术标准；
- BR211：新建筑防氡技术标准。

2009 年英国建议对新建房屋采用地板隔氡膜技术，由以往的特定高氡区扩大到全国。

加拿大的国家防氡战略主要有以下内容：

- 组建国家级的氡实验室：渥太华辐射防护实验室；
- 开展国家氡调查项目（2009—2012 年）；
- 绘制加拿大氡潜势图；
- 继续氡的研究和发展计划，开展对公众的教育和宣传。

2009 年世界卫生组织（WHO）颁布了《室内氡手册》，内容主要有：

氡的预防和降低措施的重点是要屏蔽氡的进入途径和通过不同的土壤减压技术逆向改变室内空间与户外土壤间的空气压力。在许多情况下，两种方法结合可以最有效地降低室内氡的浓度。

优化分析表明，5% 住房氡浓度超过 200Bq/m^3 的地区，对所有新建房屋采取预防性措施是值得的。

对新建房屋采取防氡措施，比对既有房屋采取降氡改造效果更好。

建筑法规规定，在房屋建筑时应有防氡措施的要求，购买和销售房屋时需进行氡气测量。

要求将室内氡控制限值从 200Bq/m^3 降低到 100Bq/m^3；

呼吁各国政府要重视室内氡的污染，对发现的高氡房屋采取降氡改造或补救性措施；建议将氡的防护列入建筑标准。

2009 年 12 月国际原子能机构（IAEA）和国际辐射防护委员会（ICRP）提出《修订辐射防护基本安全标准（BSS）：氡的健康效应的最新建议——对监管体系要求的影响》：将原来室内氡照射的参考水平范围从 300Bq/m^3 ~ 600Bq/m^3 降至从

$100Bq/m^3 \sim 300Bq/m^3$，建议各国政府建立关于氡浓度的建筑规范，保证新的建筑物内氡浓度不超过参考水平。

各国室内氡浓度控制标准汇总如表 2－22：

表 2－22　各国室内氡浓度控制标准汇总

国家或机构（发布时间）	既有住房（Bq/m^3）	新建住房（Bq/m^3）	备注
ICRP（2009）	100～300	—	建议
WHO（2009）	100	100	建议
英国 HPA（2010）	100	100	建议
德国 SSI（1994）	250	—	建议
瑞典（1988）	400	200	强制
丹麦	400	200	建议
波兰	400	200	建议
俄罗斯	400	200	建议
美国 EPA（1986）	150	150	强制
加拿大（2007）	200	200	建议
澳大利亚	200	200	建议

第三章
防氡工程设计与施工

第一节　防氡工程设计

民用建筑工程的防氡设计与施工是建立在对工程场地土壤氡浓度检测的基础之上的，需要根据工程场地的土壤氡浓度情况给出不同的设计方法。所以设计者在防氡工程进行设计之前必须调阅工程勘察阶段的相关前期资料，了解工程场地的土壤氡浓度情况，根据土壤氡浓度的分布情况并按照《民用建筑氡防治技术规程》中的要求确定不同的设计方案。

一、土壤氡检测方法及土类型分类

工程场地土壤氡浓度检测方法主要有两种：一种是直接进行工程场地土壤氡浓度检测；另一种是对工程土壤表面氡析出率进行检测。工程场地表面较为平整、地下水较深且土壤层较深等情况下，易于进行土壤氡浓度检测。我国南方部分地区地下水位浅（特别是多雨季节），难以进行土壤氡浓度检测，有些地方土壤层很薄，基层全是岩石，同样难以进行土壤氡浓度测量，这种情况下，可以使用测量氡析出率的办法测量土壤氡的析出情况。

在“规程”中根据土壤氡浓度或土壤氡表面析出率的高低对土壤进行了分类，共分为四类土，其限量分别为：一类土——土壤氡浓度小于或等于 20000Bq/m^3或土壤氡表面析出率小于或等于 0.05Bq/（m^2·s）；二类土——土壤氡浓度大于 20000Bq/m^3且小于 30000Bq/m^3或土壤氡表面析出率大于 0.05 且小于 0.1Bq/（m^2·s）；三类土——土壤氡浓度大于或等于30000Bq/m^{3}且小于50000Bq/m^{3}或土壤氡表面析出率大于或等于0.1且小于0.3Bq/（m^2·s）；四类土——土壤氡浓度大于或等于50000Bq/m^{3}或土壤氡表面析出率大于或等于0.3Bq/（m^2·s）。分类依据基本参照《民用建筑工程室内环境污染控制规范》GB 50325—2010（2013年版）。

二、防氡工程设计

土壤和岩石中的氡主要通过地基和周围岩石土壤中的孔隙、通路及富氡地下水的析出等方式进入地下室或建筑内。土壤和岩石中氡的运动迁移受土壤的渗透性和建筑空间与土壤的空气压力差影响：土壤越密实，氡的析出越慢。建筑空间的空气压力小于下方土壤岩石中空气压力时，土壤和岩石中的氡便易于溢出进入室内空间。如果富氡地下水渗入地下空间，溶解在其中的氡也可以进入地下空间。

民用建筑工程的防氡设计主要是采取各种封堵手段防治氡气进入建筑，而针对已进入室内的氡气要进行有效的排除。常用的方法有封堵空隙和裂缝、防氡复合地面、防氡复合墙面、一级防水措施、土壤减压法及机械通风以及组合设计等。在进行结构设计时要考虑建筑材料（特别是空心、空隙材料）的氡析出率要求。

1. 封堵空隙和裂缝

氡可以通过与土壤接触的墙和地板上的任何裂缝和开口进入室内，包括地下室地板与墙的连接处、周边排水沟、地板排水沟、水泥砌块顶层的孔隙以及细小的裂缝和开口。为了能有效降低室内氡浓度，把这些空隙和裂缝封堵起来是一种必要的基本步骤。对于室内空气氡浓度水平处于超标临界状态的房屋，进行密封处理基本上可以使氡浓度达到正常值水平。

有效的封堵通常需要对被密封的表面进行认真的处理准备，要仔细比较并选用合格的材料，所以密封工作要由有经验的、能够胜任的承包商和熟练的专业人员来完成。

在建筑内发现隐蔽裂缝和开口并非易事，而如果不把全部进氡的入口密封起来，那么用封堵方法降氡仅仅能够起很小的作用。另外，由于建筑下沉以及其他应力的作用，随着时间的推移会出现更大的裂缝。当建筑下沉或呈现出拉应力时，新的裂缝会出现，旧的密封层会破坏，其时效最终会使原来的密封剂失去阻止氡进入室内的能力。因此，至少每年应对密封情况进行一次认真的检查和维修，密封胶应选用耐候性、延展性较好的密封材料。

建筑的底板和混凝土墙体在施工过程中应尽量使用高密度建筑材料，应当采取建筑底层地面抗开裂措施，保持底板和四周墙体良好的整体性和密实性，尽量减少地面裂缝和各种管道的缝隙。在密封过程中，如果可能，应使用密封剂将墙与地板之间的连接处密封起来。不同材料间的连接处、管井及管道连接处都应进行密封处理。密封前，应先将裂缝和穿过管道的开孔扩充至足够大，然后用密封胶灌注。对于密实度较低的墙尤其是砌块墙，需要用防水涂料、水泥，或者环氧树脂对墙表面进行仔细处理。

2. 防氡复合地面

防氡复合地面主要的作用是防止土壤内的氡进入室内，其主要构造为水泥砂浆找平层、防氡涂料层、水泥砂浆保护层及楼地面面层，其中起主要防氡作用的构造层为防氡涂料层，水泥砂浆找平层为防氡涂料层的载体，水泥砂浆保护层主要对防氡涂料层起保护作用，可防止防氡涂料层被刺穿并延长其使用寿命。

防氡复合地面的防氡涂层基面应平整密实，涂刷厚度及涂刷道数应根据土壤氡检测浓度及材料性能确定。防氡涂料层应选用高弹性、高强度、耐老化、交联性的高效防氡材料：

高弹性：当地面产生裂纹，设置较宽裂缝时，涂层应只变形不开裂，在低温 -20℃ ~30℃保持弹性；

高强度：可在防氡层上承受施工，铺覆水泥砂浆结合层，再装修地面面层而不损坏；

耐老化：耐酸、耐碱和耐加温老化，保证地面装修后十几年甚至更长时间不失效；

交联性：形成一定的网状交联结构，具有优良的抗渗透性。

3. 防氡复合墙面

防氡复合墙面和防氡复合地面类似，主要由抗裂底涂层、防氡涂料及保护层构成，其中起主要防氡作用的是防氡涂料层。当墙面随时间流逝、应力变化产生细小裂纹时，抗裂底涂层则产生均匀的弹性形变，保护其上涂覆的防氡涂层不被破坏，这也是防氡复合墙面能保持持续、完整的关键。保护层起保护及装饰作用。

在抗裂底涂层之上涂 2 道 ~3 道防氡涂料。几道防氡涂层的重叠，可以封闭某一道涂层的气孔和针孔，构成一个完整的防氡复合墙面系统。

4. 一级防水

土壤氡浓度较高时，要采取综合的防氡工程措施，除了必要的封堵措施以外，地下防水工程的一级防水构造措施处理方式最好，这样既可以防氡又可以防水，事半功倍降低成本。同时，地下防水工程措施有成熟的经验可以做得比较可靠。各地方可以按照现行国家标准《地下工程防水技术规范》GB 50108 及本地区的规定按照地下室一级防水进行设计。

5. 土壤减压法

土壤减压法是一种降低土壤中空气的气压，以减少氡向室内渗透的方法，主要可分为被动土壤减压法和主动土壤减压法。被动土壤减压法是通过空气隔离间层、连接管道以及一系列的构造措施构成一套排氡系统，利用自然通风的“烟囱效应”使建筑物底板下方形成负压区，以减少氡气向室内渗透的方法。主动土壤减压法是利用风机抽气，使建筑物底板下方形成负压，以减少氡气向室内渗透的方法。主动土壤减压法可以简化为被动土壤减压法，所以以下主要介绍主动土壤减压法的设计方法。

(1) 主动土壤减压法简介

土壤减压系统可以通过设置隔板产生一个负压区而防止氡进入，如果整个底板区域都是负压区，那空气就会从建筑流向土壤，从而阻止土壤中的氡气进入室内。图 3-1 是一个典型的主动土壤减压系统。

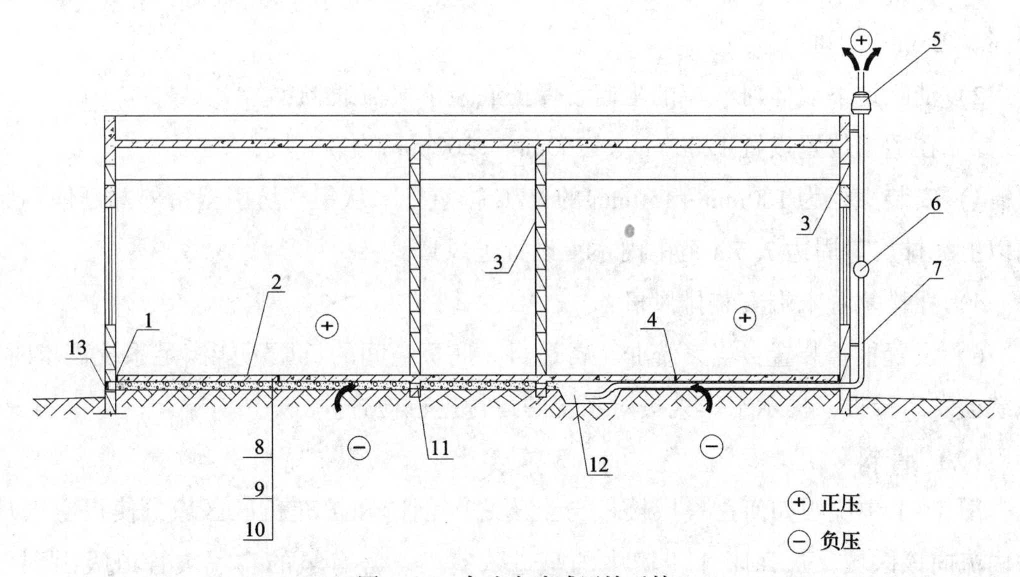

图 3-1 主动土壤减压法系统

1—聚氨酯嵌缝；2—复合地面防氡材料；3—防氡涂料；4—聚氨酯嵌缝膏；5—排风机；6—压力监控器；7—100PVC 氡排放管；8—结构楼板；9—骨料或架空层；10—素土夯实；11—穿梁排氡管；12—集气坑；13—进风口

为了创造负压区，在板底下设置一个氡集气坑，然后用排气管道从坑里通到户外。在建筑外面的管道上设置排风机，在架空层形成一个负压区，系统是“主动式”的。若建筑中的空气压力较低则会造成建筑周围的土壤中的氡气体进入建筑物内，土壤减压系统通过制造压力差，使架空层气压低于室内气压，这种气压差阻止了土壤中的氡气进入建筑物内。

主动土壤减压系统也可以被简化运用，如果需要的话还可以再补充排放系统。对于室内空气氡浓度可能超标的新建筑，安装一个简化的系统是一种谨慎和必要的投资，可以减少运营费用。如果采用这种系统后的住宅仍存在氡浓度过高的问题，那么再通过增加排风机这种低投入的措施就可以缓解这一问题。

在一层楼板与土壤之间留出一个高度100mm~150mm左右的空间，并在此空间铺设粒径12mm~25mm的卵石或碎石，采用风机排风使其处于负压状态，这个负压空间可以有效地阻止氡气从土壤进入建筑。

如果整个底板区域相对于室内都是负压区，那空气就应该从建筑流向土壤，就可以阻止土壤中含有的氡气进入室内。与此同时还应该做好各种裂缝和漏洞的封堵工作。

主动土壤减压法设计和建设过程的基本要求介绍如下：

1）在底板下连续铺设一层100mm~150mm高的卵石或碎石，其粒径在12mm~25mm之间；

2）消除地下墙体对气流的阻碍，保证底板下气流通畅；

3）在适当位置设置1200mm×1200mm×200mm的集气坑；

4）安装直径为100mm~150mm的PVC排氡管，从集气坑引至室外并延伸到屋面以上，排气口周边7.5m范围内不得设置进风口；

5）在排氡管末端安装排风机；

6）设置报警装置：当系统非正常运行、底板空间的负压不能满足系统需求时，系统会发出警报，提示工作人员对系统的运行进行检查。

（2）骨料

图3-1中说明如何在一层楼板与土壤之间创造和扩充负压区域，使得空气从室内流向该区域，从而阻止土壤中的氡进入室内。含有氡的空气被管道吸出到室外，氡的浓度也就被稀释。

为使负压区域更有效，应该在底板放置高渗透性的骨料。如果选择的骨料渗透率低，或被地垄墙中断，压力场将不能延伸到整个架空层，建筑设计应使压力场延伸到整栋建筑下。为了确保压力场的适当延伸，应在板下铺装100mm~150mm厚的干净粗骨料。

1）骨料的规格。铺装骨料的目的是为了稳定排气装置，对于土壤降压系统最适合的骨料是直径在12mm～25mm之间的卵石，直径为12mm的骨料应具有大约50%的空隙率。

2）骨料的布置。在整个底板下均匀地放置一层100mm～150mm厚的骨料，注意不要加入任何杂质。在骨料下方铺设土工布可阻止泥土与骨料混合，骨料上层也应该铺设一层土工布。虽然土工布不能为独立的氡屏障，但它能阻止混凝土渗入骨料层，从而保证骨料层的通透性。

（3）地垄墙

负压区通常会由地梁和地垄墙分隔成若干空间，需要在地梁或地垄墙上预留一个洞口或穿梁排气管来打断这种分隔，减少底板壁气流障碍。

不同的地垄墙布局对土壤降压系统设计的影响不同：

1）设计首先从防氡的控制考虑出发，内部地梁或地垄墙完全被清除掉，从而使底板通畅以及土壤降压系统性能最大化，在本章节中主要讨论的就是这种类型的建筑设计和土壤降压法的其他一些特性。一个氡集气坑应提供足够的压力场覆盖地下空间。

2）仅在垂直走廊的方向设不穿越走廊的地垄墙，不会中断负压区，这样的话就只需要一个氡集气坑。

3）平行于走廊的两面设地垄墙，底板区域被划分为三个部分。对这一设计，至少需要三个氡集气坑。

4）最不利的情况下，平行和垂直于走廊的两面地垄墙把底板区域划分为许多隔间。对于这种设计土壤降压系统的最有效的途径是在每个底板隔间都需要设一个氡集气坑。

在设计之初就把地垄墙的位置定位是非常重要的，预先消除建筑的底板阻隔，将会大大减少防氡的成本。

在建筑物必须使用地垄墙的地方，设计师应考虑在地垄墙上预留一个洞口或穿墙排气管，把被地垄墙分隔开的区域联系起来，使负压从氡集气坑的中心区域延伸到其他区域。

（4）氡集气坑

1）目标和规格。氡集气通过底板下的骨料层可促进空气流通，排氡管的末端设在集气坑中的排气效率要比埋在骨料层中高很多，所以我们在架空层中的适当位置构建一个长（1200mm）×宽（1200mm）×深（200mm）的氡集气坑。

氡集气坑暴露的最小骨料交界面面积约为排气管入口横截面面积的30倍时是非常有效的。排气管道应水平进入氡集气坑，集气坑应尽可能位于排氡分区中间的位置，垂直的排气管道不应随意设置，而应设置在最便于施工和使用的地方。

此外，排气管道应垂直于氡集气坑。新建住宅为设计者提供了更多选择，使氡集气坑设置更方便，覆盖在氡集气坑上面的底板应进行适当的结构设计。

2）氡集气坑的位置。氡集气坑应该设置在排氡分区中央的位置，一个处于中心位置的氡集气坑能够向四周提供更均匀的压力。集气坑不应布置在靠近地垄墙的位置或没有被封堵的洞口附近，排气管道应该水平进入氡集气坑，沿着底板在下面铺设，从一个方便的位置离开底板。

3）底板设置多孔管。在底板铺设穿孔聚氯乙烯（PVC）的排气管道，并把多孔管与排气口管道连接起来代替氡集气坑，也是一种有效的排氡方法。如果要求与氡集气坑尺寸达到同样排氡效果，理论上大约需要在直径为100mm的PVC管上每1m长设35个直径20mm的孔口。此外，要保证空气的流动性，直径为100mm的PVC多孔管是不够的，只有当直径增加到150mm时才能保证空气流动的顺畅。

虽然从功能上讲，多孔管可以取代氡集气坑，但是采用多孔管将大大增加工程造价，所以还是推荐采用氡集气坑。

（5）氡气排放管

1）规格。对新建的住宅，推荐使用直径为100mm～150mm的PVC管。PVC管的尺寸应根据不同的实际情况选用。如果氡防治方案中不打算密封各种裂缝，建议在垂直管道中使用直径至少为150mm的管道，因为在不密封的架空层中要得到与密闭架空层相同的低气压场，需要更多的气流。

2）建筑规范化。PVC氡气排放管通常适用于既有的建筑中，因为它们易搬运和成本较低。然而，建筑规范中要求尽可能避免在建筑物的某些部分使用PVC管道，所以安装氡排气管道时，必须确保不违反其他规范。

3）管道安装。在安装垂直管道时注重细节可以确保系统的有效性，并能延长系统的使用寿命。从楼板开始，用高粘接密封剂（推荐使用聚氨酯密封胶）密封管道和楼板间的空隙，也密封所有管路接头。密封剂和密封操作在后面进行详细的介绍。

所有水平管道应至少保证1%的找坡，这样可以使凝结水都回流到氡集气坑，这点是非常重要的。如果水平管道没有找坡，管道中的积水会使氡气在其中富集，如果管道出现裂缝，富集了氡气的积水将会流入室内，从而导致室内空气氡含量超标。

4）排氡系统的警示标志。整个排氡系统的任何一个环节遭到有意或者无意的破坏，都有可能造成严重的后果，因此应该在排氡系统上做出足够的标识来防止类似的事情发生。

在管道上至少每10m设置一个标识，标识上应该能清楚地标识整个排氡系统的所有组成，以确保建筑未来的主人不移动或拆卸该系统。在屋顶的出口以及排气管上应附上永久的警告标识，如“该气体可能包含高浓度的氡，在7.5m的范围内不要设置窗子及通风口”。标识上应该能清楚地识别整个排氡系统的所有组成，以确保建筑未来的主人维护。

（6）排风机

1）安装时间。根据不同场地的不同情况，排风机的安装时间也是不同的，若建筑用地的土壤氡含量严重超标，则需在施工的时候直接安装好排风机；若建筑用地的土壤氡含量较高，有可能导致室内空气氡含量超标，则可在施工时预留电源及其他管线，日后若室内空气氡含量超标，则可直接增加风机，将被动式土壤降压系统改造为主动土壤降压系统。

2）风机选型和安装。在氡控制系统中，应选用专门为户外使用制造的风机。这些均可从供应商那里获得，并有各种规格的。由于排风机一侧的管道是在处于正压工况下的，可能会渗漏，因此风机通常安装在建筑外。

多数的安装人员用橡胶连接器连接风机与管道系统。这种连接方式密封性好，运行噪声低，在需要更换风机的时候也易于更换。为了满足系统安全、性能良好以及降噪的需求，通常需要增加一些额外的材料和部件。以下内容需要特别注意：防水电器服务开关应放在风机附近，以确保在维修时系统处于关闭状态。如果工程采用的是被动土壤减压技术，风扇在需要时可以稍后安装，但在施工期间在屋顶上应安装防水电器线路，这将有利于日后风机的安装。

3）排风机排气设置。主动土壤减压系统排出的废气中含有很高浓度的氡，系统的设置应与实验室的通风柜或屋顶排风机排放的有毒气体类似。建议排气管末端应距离最近的进气口或操作窗口7.5m以上，且在垂直方向应超出屋顶足够的高度，这样才可以防止废气不会进入建筑。如果不能达到这种排气设置要求，建议最小距离可以保证排风口的气体到最近的进气口或操作窗口时能够达到1000:1的稀释比例。

（7）报警装置

主动土壤降压系统设计应包括报警系统，如果系统能正常运行，它可以及时报告给建筑所有者或使用者。预警系统应包括一个电子压力传感装置，当系统压力降低时，它会激活警示灯或声响报警。除了风机运行的情况外，还有一些因素可以妨碍整个排氡系统有效的运行，即风机运行正常时，排氡系统也未必能正常工作，因此建议安装空气压力报警器，而不是那种由风机运行状况来决定是否报警的装置。

报警装置应安装在一个经常有人查看的区域。住宅小区可将报警装置安放在24h有人监控的值班室内；独栋别墅可将报警装置安放在电子门禁系统旁，以便日常查看。

（8）封堵氡气的主要进入途径

对于一个高效的土壤降压系统，封堵大的开口是很重要的。封堵大的开口可以防止室内的空气渗入架空层中的低压区域，从而保证低压区的压力低于室内压力、减少风机的工作时间，从而延长排氡系统的工作寿命、降低系统的运行成本。

（9）土壤降压法操作与维护

土壤降压法系统运行和维护涉及以下三个阶段：使用前维护；周维护；年维护。

1）使用前维护。在土壤降压系统风机打开后至少需要24h才能测量室内空气氡的含量。如果初期安装的土壤降压系统中没有排风机系统，那么这些室内空气氡含量的测试将可以用来决定是否有必要增加排风机能力使系统更加有效。建议连续运行主动土壤降压系统，即使氡的浓度是低于国家规范要求，连续运行该系统将会减少氡对使用者的伤害。

如果建筑物内氡的浓度上升，则应首先确认土壤降压系统在所有的负压区域是否已经达到适宜的负压。对于架空层压力的测量应包括压力场的外侧。

测量架空层压力时，应在排气口不同的距离、不同的方向上钻大约10个小孔（直径应满足测量仪器的需求）。在钻穿底板前请仔细确保不会破坏板结构的稳固性，然后关掉用于土壤降压系统的风机，在每一个洞里测量压力。应该使用像微型测压仪这样的敏感装置来测量。当然，一些简单的化学的烟雾测风流法也可以用来确定是否有空气流入板内。这些测量应该在土壤降压系统的风机运行的时候再重复进行一次。一旦负压区域压力测试完，漏洞应该小心用混凝土材料及聚氨酯嵌缝胶修补。

负压区域压力测量的目的是为了确认土壤降压系统在板下维持着适当的负压。如果测量表明板下压力不足，则必须解决这个问题，需要检查的内容包括：是否封堵了氡流入室内的主要路径、骨料层的类型以及暖通空调系统的运行等。

为了确保土壤降压系统的正常运行，应给业主提供详细的操作指南，在操作指南中应包括以下内容：这个系统的构成、当系统出现报警时如何处理、维修土壤降压系统的其他需求及方法等。

2）周维护。检查氡排气管的压力表和报警系统，以确保风机能够保持足够的负压。

3）年维护。

• 检查风扇轴承故障或其他的异常迹象以便及时维修或更换。

• 检查并确保排气管道排气口附近没有窗户等空气入口，若因建筑使用功能变化导致出现以上的情况，则应整改，以避免高氡浓度的空气进入室内。

• 检查该工程的通风系统，以确认它是否按设计进行操作和维护。即使土壤降压系统能够正常工作，但系统有时也会发生由于架空层空气压力过低而造成的电力过分消耗。

• 如果建筑物发生沉降，则应检查地板、地下室外墙是否产生裂缝并进行氡测试，如果发生上述问题，则应及时封堵裂缝，以确保该系统的持续有效性。

6. 通风

目前降低室内氡浓度的方法很多，其中运用通风降低室内氡浓度是最为直接有效的手段。通风又分为自然通风和机械通风。自然通风是依靠室外风力造成的风压和室内外空气温度差所造成的热压使空气流动，机械通风是依靠风机造成的压力使空气流动，它是有组织通风的主要技术手段。

(1) 自然通风

打开窗户进行自然通风是最常用的方法。当室内空气的气压和温度存在差异时，不开窗户，空气也会通过小的缝隙和开口部分保持一定程度的自然通风。对于一般的中国家庭住宅来说，由于目前国家提倡节能减排，家庭的门窗密闭性普遍提高，室内的新风换气率普遍降低，平均在0.3次/h上下。对于普通旧住宅而言，家庭的门窗密闭性变差，室内的自然新风换气率略有提高，在0.5次/h上下。

打开门窗和通风口换气，这是十分有效的降氡方法。如果窗户和通风口数量足够的多，靠自然通风换气可以使室内氡浓度降低90%以上。然而自然通风受气候影响大，在潮湿的南方地区或者在寒冷的北方地区，进行自然通风会使室内温度湿度改变，令人感到不舒服，而且不得不增加除湿和取暖等成本。此外，开窗也可能带来临街室内噪声的增加以及室内灰尘、浮尘等的增加。

(2) 机械通风

与自然通风换气方式不同，采用机械风扇可以用来控制室内的新风换气量，达到精确控制室内新风换气率的目的。机械通风对室内氡浓度的定量影响详见第三章第四节。

机械风扇的安装可以采取多种不同的方式：可以通过现有的中央空调系统把室外新鲜空气不断送入室内，在门窗关闭情况下提供通风调节；可以在窗户上安装新风换气装置，过滤室外的灰尘后将干净的空气送入室内。机械通风必须使新鲜空气的进气口远离排气口，以防止排出的含氡空气再次进入室内。在寒冷地区使用机械通风会大大增加取暖费用，在酷热天气使用机械通风也会使制冷费用大大增加。

7. 组合设计

当工程场地土壤类型为四类土时，民用建筑随着使用年限的增加，材料老化等情况就会出现，单单使用一种方法降氡是不足以使室内氡浓度水平达到国家标准限值以下的，所以需要使用以上列举的多种方法的组合才能确保室内氡浓度处于较低水平。

对于工程场地土壤类别为二类土时，应采取建筑物底层地面抗裂及封堵不同材料连接处、管井及管道连接处等措施，主要是采取封堵的措施减少氡向室内的释放。

对于工程场地土壤类别为三类土时，应采取建筑物底层地面抗裂及封堵不同材料连接处、管井及管道连接处等措施，地下室还应按现行国家标准《地下工程防水技术规范》GB 50108 的有关规定进行一级防水处理。

对于工程场地土壤类别为四类土时，则必须采取综合建筑构造防土壤氡措施，这样才能确保室内氡浓度处于国家标准限值以下。当然，采取综合建筑构造防土壤氡措施还必须考虑建筑形式。

1）建筑形式为一层架空的建筑。工程场地土壤为四类土时，最好的方法是将一层架空，这样土壤中析出的氡散发到空气中，无法进入室内。这种方式比较适合非采暖地区，一层架空的同时可以为建设项目提供开敞的空间，可以用于休闲、绿化和停车，提升空间品质。但在采暖地区这样做增大了体形系数，增加了散热面，不利于节能，应慎用。

2）建筑形式为无地下室、无架空、无空气隔离间层的建筑。此种建筑形式则必须采取以下防氡措施（图 3－2）：一层及二层应封堵氡进入室内的通道，包括裂缝、不同材料连接处、管井及管道连接处等；一层采用防氡涂料墙面、防氡复合地面；在地基与一层地板之间设隔膜离层或土壤减压法；一层及二层安装新风换气机。此种建筑形式所采用的防氡措施综合了封堵、防氡复合地面、防氡复合墙面、土壤减压法及通风各种防氡措施。主要原因是此种建筑形式直接与土地面接触，如果不采取上述措施高浓度土壤氡很容易进入室内。室内试验验证，经过长时间的积累一个月左右，室内空气中氡浓度与土壤中氡浓度大致相当。所以必须采取多种防氡措施减少土壤氡进入室内氡的途径，并尽可能地减少室内空气中氡浓度。

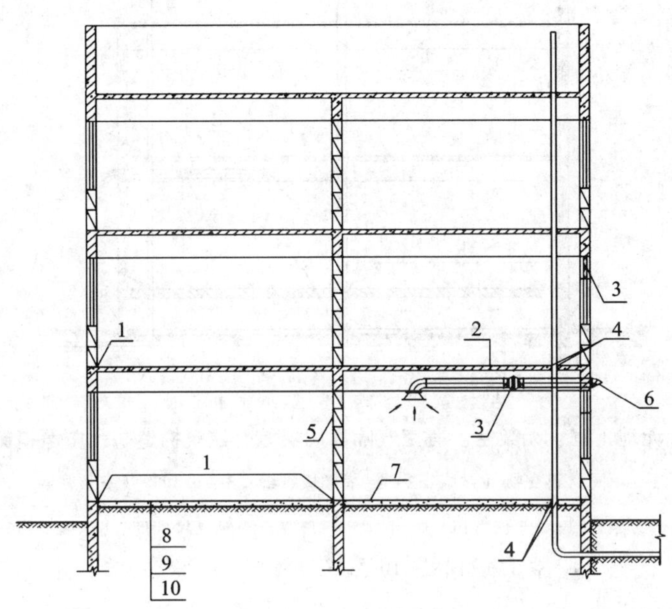

图3－2　无地下室、无架空、无空气隔离间层综合建筑构造防土壤氡措施示意图

1—不同材料交接处封堵；2—封堵楼板裂缝；3—新风换气机；

4—设备管及安装密封；5—防氡涂料；6—防雨风帽；7—防氡复合地面；

8—细石混凝土地面；9—膜隔离层；10—素土夯实

3）建筑形式为无地下室、无架空层、有空气隔离间层的建筑。此种建筑形式必须采取以下防氡措施（图3－3）：一层及二层封堵氡进入室内的通道，包括裂缝、不同材料连接处、管井及管道连接处等；一层采用防氡涂料墙面及防氡复合地面；一层及二层安装新风换气机。此种建筑形式所采用的防氡措施综合了封堵、防氡复合地面、防氡复合墙面及通风各种防氡措施，与上述2）中的防氡措施相比少了土壤减压法这一防氡措施。主要是因为此种建筑形式中有空气隔离间层，空气隔离间层是通过自然通风的方法降低隔离间层内土壤氡逸出土壤后进入空气中的氡浓度，以减少土壤氡进入室内空间。为保证隔离间层通风畅通，要求间层内部及四周均设有通气口，不能形成封闭空间。这种设计方法在我国很多地区均有采用，原本的目的是为了防潮，但这种构造同时对防氡也有很好的效果，一举两得。

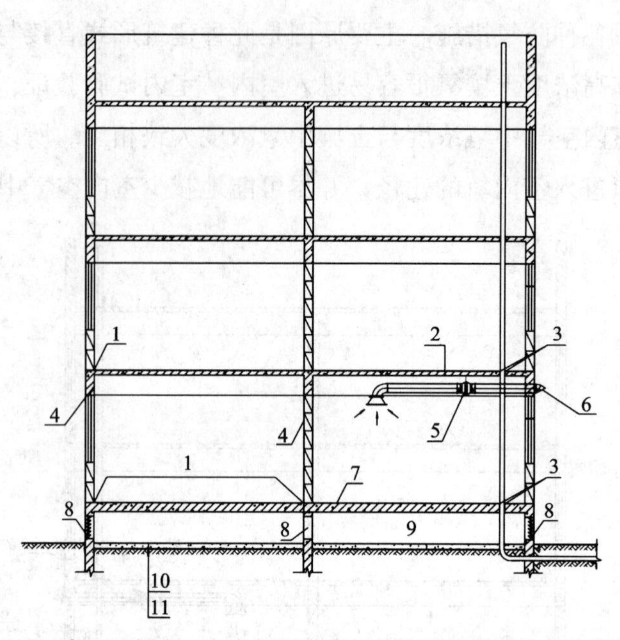

图3-3　无地下室、无架空、有空气隔离间层综合建筑构造防土壤氡措施示意图

1—不同材料交接处封堵；2—封堵楼板裂缝；3—设套管及安装密封；
4—防氡涂料；5—换气机；6—防雨风帽；7—防氡复合地面；8—通风口；
9—空气隔离间层；10—细石混凝土；11—素土夯实

4）建筑形式为有地下室。此种建筑形式必须采取以下防氡措施（图3-4）：地下室及一层封堵氡进入室内的通道，包括裂缝、不同材料连接处、管井及管道连接处等；地下室及一层采用防氡复合地面及墙面防氡涂料；地下室采用机械通风；地下室采用一级防水处理。此种建筑形式所采用的防氡措施综合了封堵、防氡复合地面、防氡复合墙面、一级防水及通风等防氡措施。与上述2）、3）的建筑形式相比，地下室需要采取一级防水措施，同时地下室的墙面、地面需要采取防氡复合墙面、地面，因为地下室与土壤直接接触必须采取多种措施减少土壤氡进入地下室。另外，建筑建成后随着时间流逝、材料老化以及其他各种应力变化等，墙面、底板总会有缝隙产生，为了确保地下室的氡浓度不超过国家标准限量值，还配备了机械通风。机械通风的时间及要求可以参照本书第三章第四节。

8. 防氡工程设计中的建筑材料选用及氡析出率测量

《民用建筑氡防治技术规程》JGJ/T 349—2015 第4.2.9条要求：建筑工程使用的加气混凝土砌块和空心率（孔洞率）大于25%的建筑材料表面氡析出率不应大于0.01Bq/（m^2·s）。建筑材料表面氡析出率测量方法应符合“规程”附录A的规定。抽检批次应符合现行国家标准《蒸压加气混凝土砌块》GB 11968的有关规定。

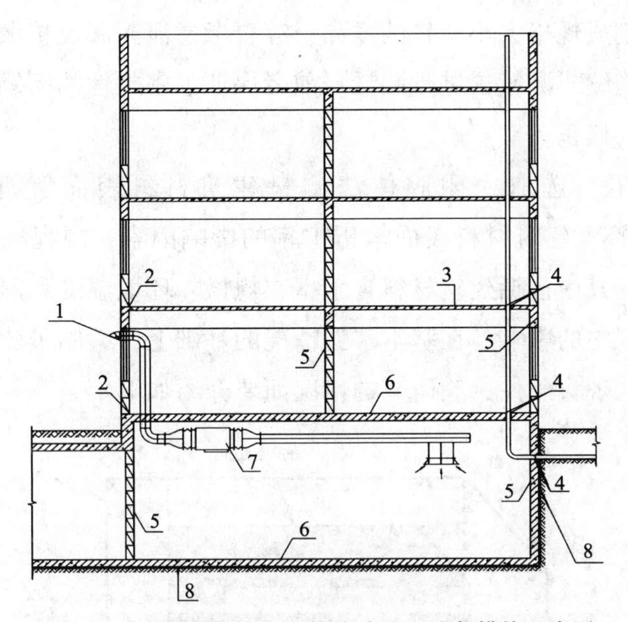

图 3-4　有地下室综合建筑构造防土壤氡措施示意图

1—防风雨帽；2—不同材料交接处封堵；3—封堵楼板裂缝；4—设套管及安装密封；

5—防氡涂料；6—防氡复合地面；7—排风机；8—一级防水

关于建筑材料氡析出率测量，早些年提出过多种建筑材料氡析出率测量方法，如活性炭法、密闭腔体法、固体径迹法等，市场上也可以找到专门的氡析出率测量仪。但是多年来建筑材料氡析出率的测量应用一直比较少，看到的进一步研究论文不多。但注意一下可以发现：无论是土壤氡析出率测量还是建筑材料氡析出率测量，均分两个步骤完成：一是析出氡气体的收集，二是析出氡气体浓度的测量。

析出氡气体的收集主要分为动态收集和静态收集，前者是采用不含氡的载体气体将累积腔中的氡携带出来测量；后者是让氡在累积腔中静态增长，通过测量累积腔中的氡浓度来计算得到析出率。目前绝大多数方法采用静态累积法收集析出的氡气体，而累积腔通常又可以分为半密闭和全密闭，前者像一个锅盖，罩在测量介质表面，常称“累积法”；后者则是一个全封闭结构，测量介质样品放入腔体内进行氡浓度的累积，常称“密闭腔体法”。

析出氡气体浓度的测量方法和普通的氡浓度测量方法没有什么不同，目前主要应用的是活性炭法、固体径迹法和连续式测氡法等。其中前两者是静态测量，即通过测量累积腔内的平均氡浓度，给出介质析出率的平均值；后者是动态测量，即通过测量累积腔内的氡浓度增长曲线，给出介质析出率值。

不同的累积方法和氡浓度测量方法组成了不同的建筑材料氡析出率测量方法，不同的方法使用范围和优缺点都非常明显。由于建筑材料样品通常规格不同，需要先将建筑材料切割成规格大小一致的样品，综合考虑泄露和反扩散的影响，选择密闭腔体法收集，连续式测氡仪进行测量。前者保证了密封性的问题，后者保证了测量精度和反扩散的修正。

从实际应用看，选取密闭腔体法测量建筑材料表面氡析出率比较方便（图3－5）。为了摸索建筑材料表面氡析出率的影响因素，规程编制组进行了大量的条件试验研究，其中包括建筑材料含水率、规格、环境温度和湿度等对建筑材料氡析出率测量过程中的影响，在基本掌握情况的基础上，编制了建筑材料氡析出率测量的标准方法。现将条件试验研究的情况简要介绍如下：

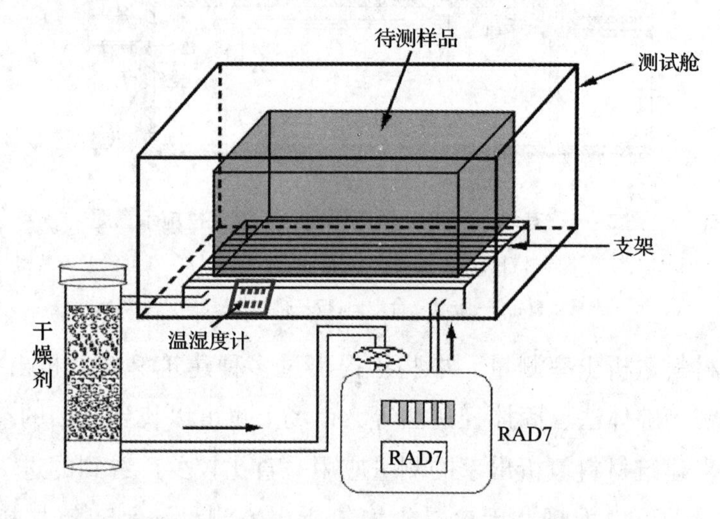

图3－5　加气混凝土砌块表面氡析出率测量装置示意图

（1）实验仪器和材料

本工作采用的测量仪器有：RAD7型多功能电子测氡仪、深圳市建筑科学研究院有限公司研制的建材氡析出率测试舱、VC230温湿度计，测试建材为深圳建材市场的普通加气混凝土砌块。

（2）实验方法

按照图3－5所示连接实验装置，打开RAD7，设置仪器，并进行仪器净化，使RAD7的湿度降到10%以下。然后将待测的样品放入测试舱内（多个样品时，样品与样品之间留有一定的间隙），同时在测试舱内放入温湿度计，测量测试舱的温度和湿度。将测试舱密封并开始RAD7测氡仪，连续测量10h。

样品放入测试舱后，由于前10h内测试舱内氡的泄露及反扩散可以忽略，因此测试舱内的氡浓度呈线性增长，满足 $C = J \cdot S \cdot t/V + C_0$。通过方程 $y = a \cdot t + b$ 对前10h的测量数据进行直线拟合，得出参数 a 和 b，然后再根据方程 $J = a \cdot V/S$ 算出加气混凝土砌块的表面氡析出率 J，其中，J 为加气混凝土砌块的表面氡析出率；S 为加气混凝土砌块表面积；C 为测试舱内氡浓度；V 为测试舱内的剩余空间体积；C_0为测试舱内本底；t 为密封测量时间。

(3) 实验结果

1）加气混凝土砌块尺寸、样品数量对其氡析出率的影响实验。

实验时按图 3-6 中（a）、（b）和（c）所示先后把加气混凝土砌块（尺寸为 250mm×190mm×600mm）按照未切割、切割成两个 1/2 和四个 1/4 块加气混凝土砌块，放入测试舱分别测量其表面氡析出率；然后再按照图 3-6 中（d）和（e）所示，先后进行在测试舱中分别放入两个 1/4 和一个 1/4 块加气混凝土砌块时的表面氡析出率测量。

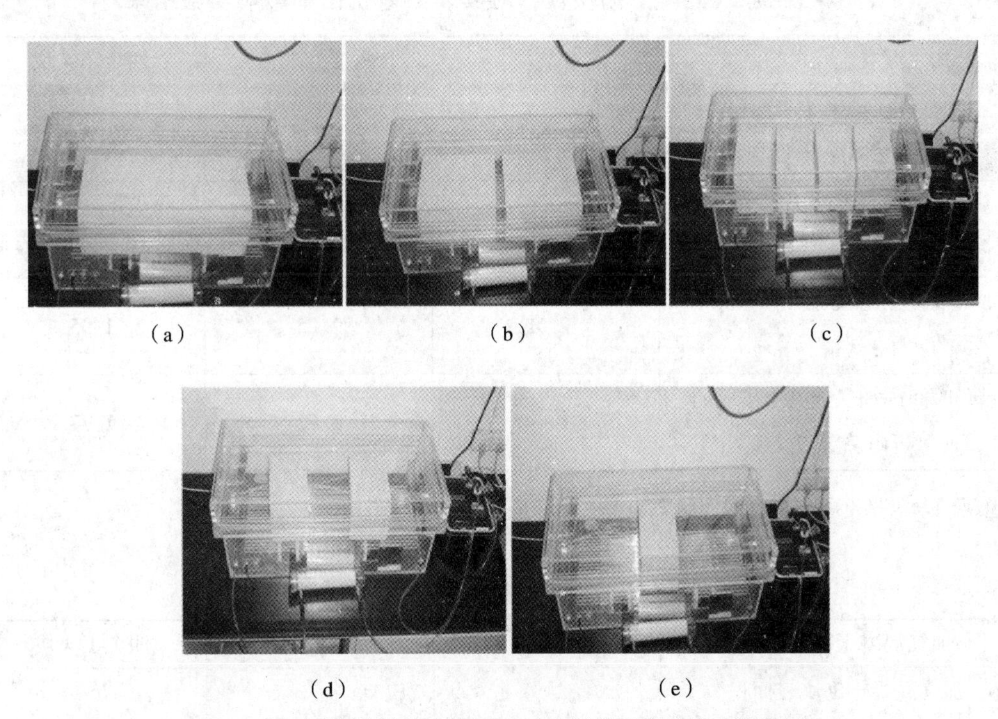

（a）　（b）　（c）

（d）　（e）

图 3-6　加气混凝土砌块尺寸对其氡析出率的影响实验图

2）加气混凝土砌块含水率对其表面氡析出率的影响实验。

首先对同一批的两块尺寸为 200mm×200mm×600mm 大加气混凝土砌块切割成 16 块尺寸为 95mm×95mm×25mm 的小加气混凝土砌块，再把小加气混凝土砌块放入烘烤箱中烘至恒重后放入密封箱中冷却。然后依次进行小加气混凝土砌块干重时和含水率为 1%、5%、10%、20%、25%、30%、35%、40% 和 46%（最大含水率）时的表面氡析出率测量。实验过程中，温度控制为 25.0℃±0.5℃。

其中含水率控制方法为：1%、5%和10%含水率时，通过往加气混凝土砌块表面均匀喷洒水汽至加气混凝土砌块待测含水率所对应的重量后，再放入密封箱中静止放置24h；10%以上的含水率时，通过把加气混凝土砌块放入水池中浸泡至加气混凝土砌块待测含水率所对应的重量后，再放入密封箱中静止放置24h。46%含水率（最大含水率）时的含水率控制为把加气混凝土砌块放入水池中浸泡至加气混凝土砌块质量不再增加后，再把加气混凝土砌块放入密封箱中静置24h。

3）加气混凝土砌块尺寸、样品数量对其表面氡析出率的影响实验。

加气混凝土砌块尺寸和样品数量对其表面氡析出率影响的实验结果列于表3－1和表3－2。

表3－1　加气混凝土砌块尺寸对其表面氡析出率影响实验结果

加气混凝土砌块数量	一整块	两个1/2块	四个1/4块
加气混凝土砌块表面积 S（m^2）	0.623	0.718	0.908
加气混凝土砌块体积 V_0（$\times 10^{-2} m^3$）	2.85	2.85	2.85
加气混凝土砌块表面氡析出率 J［Bq/（$m^2 \cdot h$）］	2.63	2.25	1.95
单位时间内加气混凝土砌块的表面氡析出总量 Q（Bq/h）	1.64	1.62	1.77

注：表面氡析出总量＝表面氡析出率×表面面积（$Q = J \times S$）。

表3－2　加气混凝土砌块数量对其氡析出率实验结果

加气混凝土砌块数量	一个1/4块	两个1/4块	四个1/4块
加气混凝土砌块表面积 S（m^2）	0.227	0.454	0.908
加气混凝土砌块体积 V_0（$\times 10^{-2} m^3$）	0.713	1.43	2.85
加气混凝土砌块表面氡析出率 J［Bq/（$m^2 \cdot h$）］	1.98	2.06	1.95
单位时间内加气混凝土砌块的表面氡析出总量 Q（Bq/h）	0.449	0.935	1.77

注：表面氡析出总量＝表面氡析出率×表面面积（$Q = J \cdot S$）。

从表3－1中数据可知：当测试箱中分别放入一整块、两个1/2和四个1/4加气混凝土砌块时，加气混凝土砌块的表面氡析出率分别为：2.63Bq/（m^2·h）、2.25Bq/（m^2·h）、1.95Bq/（m^2·h）；加气混凝土砌块表面在单位时间内氡的析出总量分别为：1.64Bq/h、1.62Bq/h、1.77Bq/h，三个数据的相对标准偏差为4.8%，可认为这三种情况下单位时间内的氡析出总量是相同的。这表明在加气混凝土砌块总体积不变的情况下，随着加气混凝土砌块表面积的增加，加气混凝土砌块的表面氡析出率减少，但加气混凝土砌块表面在单位时间内的氡析出总量大体保持不变。这是因为：加气混凝土砌块达到稳态时，加气混凝土砌块的固有析出率不变，又因为氡在建筑材料中的扩散长度为1m～2m，大于本次实验样品的尺寸，因此样品内部的氡气可以扩散到样品表面，从而使得单位时间内从样品表面析出的氡总量保持不变，于是当加气混凝土砌块表面积增加时，单位面积上的析出量会减少，加气混凝土砌块的氡析出率减少。

由此可以得出，建筑材料的表面氡析出率与其表面积以及体积有关，因此在进行建筑材料表面氡析出率测量和比较时要考虑尺寸大小的影响，最好是在同一尺寸下进行测量和比较。

从表3－2中数据可知：当测试舱中分别放置一个1/4、两个1/4和四个1/4加气混凝土砌块时，加气混凝土砌块的表面氡析出率分别为：1.98Bq/（m^2·h）、2.06Bq/（m^2·h）和1.95Bq/（m^2·h），三组数据的相对标准偏差为2.8%，可认为三种情况下的氡析出率是相同的；加气混凝土砌块表面在单位时间内氡的析出总量分别为：0.449Bq/h、0.935Bq/h、1.77Bq/h。如此可得出：在本实验中，测试舱中放入相同尺寸样品的数量对被测样品的氡析出率几乎没影响，但数量多时测试舱中积累氡的量多，有利提高测量的灵敏度，测量时应当在测试舱中尽量多放入一些实验样品。这是因为：在相同的条件下，由同一块大加气混凝土砌块切割成的四个大小相同的小加气混凝土砌块达到稳态后，它们的固有析出率相同，即在相同时间内各小加气混凝土砌块自身产生氡气的量相同，又因为在实验过程中反扩散影响可以忽略，因此测试箱中放入样品数量对其表面氡析出率几乎没影响，而析出总量随样品增加而增加。

4）加气混凝土砌块含水率对其氡析出率的影响实验。

加气砌块含水率对其氡析出率影响的实验结果如表3－3、图3－7所示。

表3-3　加气混凝土砌块含水率对其氡析出率的影响实验结果

含水率	干重	1%	5%	10%		20%		25%	30%	35%	40%	46%饱和
				(1)	(2)	(1)	(2)					
氡析出率[Bq/(m²·h)]	0.068	0.275	0.482	0.626	0.610	0.828	0.811	0.941	1.100	0.927	1.140	1.100

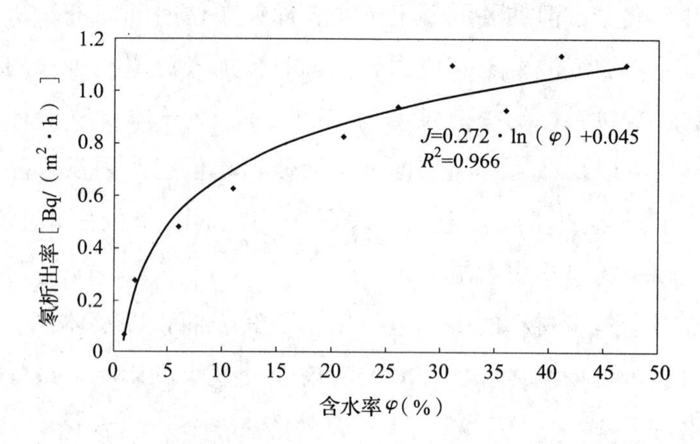

图3-7　加气混凝土砌块含水率对其氡析出率的影响

说明：10%含水率时的两次测量中，第一次测量是加气混凝土砌块加湿后密封静置24h后进行测量的，第二次测量是在第一次测量完成后继续密封静置至加湿后72h后进行测量的；20%含水率的两次测量，第一次是在加湿后密封静置了24h后进行测量的，第二次测量是在第一次测量结束后继续密封静置至加湿后15d后进行测量的。测量前对加气混凝土砌块的质量进行称量，发现密封静置前后加气混凝土砌块的质量几乎无变化。

从表3-3可知，加气混凝土砌块表面的氡析出率随着加气混凝土砌块含水率的增加而增加，并呈对数增长关系。样品含水率低于20%时，氡析出率随着含水率的增加而显著增加，当含水率高于30%时，氡析出率随着加气混凝土砌块含水率的增加而缓慢增长并趋于最大含水率46%时的氡析出率值。相关式为：$J=0.272\cdot\ln(\varphi)+0.045$，单位为：$Bq/(m^2\cdot h)$。

本次实验结果与王榆元、刘小松、Stranden，E、F. FOURNIER等相关实验的结果“建筑材料的氡析出率随含水率的增加而先增后减，如：混凝土、页岩、建材砖和铀矿石的最大氡析出率时的含水率分别为4.7%、12%、4%和10%”有所不同。造成此差别的原因可能是使用的材料不同。他们使用的材料主要为混凝土、烧结材料和石材等比较密实，而本次实验用的是采用发泡技术制造的加气混凝土砌块比较疏松且孔隙度较大，文献表明，加气混凝土砌块的孔隙度在70%以上，而混凝土材料的孔隙度为10%左右、烧结多孔砖的孔隙度为30%左右。因此，加气混凝土砌块随着含水率的增加，水分子在其孔隙表面进行累积，水分子有效地阻止了其他颗粒对氡的吸附，但由于孔隙度较大，水分子不能形成稳定的较厚水膜，使得饱和含水率在加气混凝土砌块中产生的氡气依然有较强的迁移能力，而导致加气混凝土砌块的表面氡析出率一直随含水率的增加而增加。

从表3-3中10%和20%含水率的重复测量结果可知：在加气混凝土砌块含水率为10%，加气混凝土砌块在加湿后密封静置1d和3d时，加气混凝土砌块的表面氡析出率分别为：0.626Bq/（m^2·h）和0.610Bq/（m^2·h），两次数据的相对标准偏差为1.8%，可认为两次的氡析出率相同；在加气混凝土砌块的含水率为20%时，加气混凝土砌块在加水后密封静置1d和15d时，加气混凝土砌块的表面氡析出率分别为：0.828Bq/（m^2·h）和0.811Bq/（m^2·h），两次数据的相对标准偏差为1.4%，即两次的氡析出率也几乎相同。由此可表明：加气混凝土砌块在加湿密封静置24h后，密封静置时间的长短对加气混凝土砌块表面的氡析出率无明显影响。这是因为在加气混凝土砌块表面加湿密封静置24h后，其内部的水分和氡已稳定，因而不会再对加气混凝土砌块的表面氡析出率产生影响。

王榆元、刘小松等人相关实验证明，在铀矿石表面喷水后，需要3d铀矿石的氡析出率才能达到稳定，而加气混凝土砌块表面喷水1d后就可以达到稳定，这说明加气混凝土砌块的孔隙度较大，更利于加气混凝土砌块里面水分渗透和稳定。

由此可以看出：

①在同一测试舱中，当加气混凝土砌块的总体积不变，而表面积增加时，加气混凝土砌块的表面氡析出率将会减少，但加气混凝土砌块表面的氡析出总量保持不变，因此在进行建筑材料表面氡析出率测量和比较时要考虑尺寸大小的影响；

②在测试舱中放置相同样品数量的多少对加气混凝土砌块表面氡析出率几乎没影响，但数量多时测试舱中积累氡的量多，有利提高测量的灵敏度，测量时应当在测试舱中尽量多放入一些实验样品；

③加气混凝土砌块的氡析出率随其含水率的增加而增加，因此在进行建筑材料氡析出率测量时还应考虑其含水率的影响。

对于不同含水率（0、1%、5%、10%、20%、25%、30%、35%、40%和46%）的加气混凝土砌块，其氡析出率分别为0.068、0.275、0.482、0.626、

0.828、0.941、1.10、0.927、1.14、1.10Bq/（m^2·h）。实验结果表明：加气混凝土试块表面的氡析出率随着加气混凝土试块含水率的增加而增加，并呈对数增长关系。

不同环境温度（18、20、24、28、30℃）时，加气混凝土砌块氡析出率分别为：0.897、0.903、0.920、0.922、0.899、0.908Bq/（m^2·h）。实验结果表明：在温度为18℃～30℃时，加气混凝土试块氡析出率基本恒定，变化微小。

不同环境湿度（60%、70%、80%、86%、100%）时，加气混凝土砌块氡析出率分别为：0.692、0.702、0.697、0.693、0.668Bq/（m^2·h）。实验结果表明：在加气混凝土砌块含水率变化微小时，加气混凝土砌块氡析出率随环境湿度的变化较小。但是当改变环境湿度时，建筑材料的含水率受环境湿度影响发生改变时，其建筑材料的氡析出率会发生较为显著的变化。

材料尺寸对建筑材料氡析出率的影响主要体现为建筑材料总体积不变的情况下，其单位时间内的氡析出总量保持不变，而随着加气混凝土试块表面积增加，其表面氡析出率不断减小。另外，测试舱中放入多块相同样品时，被测样品的氡析出率保持不变。放入多块样品时可以提高样品的测量计数，有利于提高测量精度。

获得以上实验结果后，在制定建筑材料相关参数时还需要考虑实际检测过程中的检测难度。对于建筑材料规格尺寸，由于建筑材料氡析出率测量时，测试舱内材料的体积较大时，被测样品的测量计数较多，可以提高测量的精度；同时考虑到含水率、环境温度湿度的控制，体积不能过大。综合考虑加气混凝土砌块的尺寸大小控制为200mm×200mm×200mm，被测数量确定为四块；由于空心砌块易碎，不便切割，只能以原样品尺寸进行测量，数量定为两块。

对于建筑材料的含水率，调研资料显示表明加气混凝土砌块上墙含水率在10%左右，实验室测量的建筑施工时使用的加气混凝土砌块含水率也在10%左右，所以综合确定测量加气混凝土砌块氡析出率时其含水率为10%。而空心砌块上墙含水率在2%左右，为了保守起见（即所测空心砌块氡析出率小于本规程限量时，不会导致室内氡浓度超标；大于本规程限量时，仍然有可能不会导致室内氡浓度超标）测量空心砌块氡析出率时其含水率为5%。

对于环境温度及湿度，由于实验结果表明环境温度在18℃～30℃的范围内，温度对加气混凝土试块氡析出率的影响较小。但是稳定的外部环境对于检测是有利的，故仍然设置了一个温度范围为23℃±2℃，但是温度范围设置的较为宽松。另外，建筑材料氡析出率随湿度的变化影响较小，结合实验结果和文献描述可知环境湿度的改变主要通过改变建筑材料的含水率影响其氡析出率的变化。加气混凝土砌块、空心砌块含水率分别为10%、5%时，箱体内湿度一般为90%以上，如果控制湿度可能会导致样品的含水率下降，从而引起氡析出率的变化。所以对于环境湿度，建筑材料氡析出率标准测量方法中对环境湿度不做特殊规定，只做记录即可。

试验研究成果为“规程”编制提供了有力的技术支撑。

“规程”关于建筑材料氡析出率检测方法的要求详见附录B。

第二节 防氡工程施工

防氡工程设计中应把防氡工程作为一个系统工程来考虑，根据工程的部位，明确防氡涂层系统的具体组成，即墙面、天花和地面防氡层的构造设计，并要求防氡层的完整性和连续性，以保证防氡效果。在防氡工程施工前，建筑防氡设计应纳入建筑施工图设计文件和设计变更文件内，以保证防氡设计、施工、验收等建筑程序的规范性。

一、防氡复合地面施工

防氡复合地面施工应在墙面防氡涂料施工完毕后进行，为保证良好的气密性，防氡地面要与墙面防氡涂料有可靠的交接，第一道防氡涂料施工完毕充分干燥后，方可进行第二道防氡涂料施工。为保护好地面防氡涂料不被损坏，应做砂浆或混凝土保护层。具体施工步骤及要求如下：

一是地面防氡涂层与墙面防氡涂层之间应有可靠搭接，搭接宽度不应少于200mm。

二是地面结构层清理干净后，在面层上抹M15水泥砂浆找平，干燥后分道涂刷地面防氡涂料，每道施工厚度不得超过150μm，待上一道涂层涂刷完，放置24h（25℃）充分干燥并验收后，方可进行下一道涂刷施工，两道涂层间的接缝应错开。

三是地面防氡涂料施工结束并充分干燥后，应做砂浆或混凝土保护层，保护层厚度不应小于15mm。

其他具体施工要求：

1）基层有缝隙、孔洞时，应先用弹性腻子或聚合物砂浆密封、修补。

2）水性涂料的施工应在相对湿度85%以下进行。冬季施工如用水乳型涂料，施工环境温度不得低于5℃。

3）防氡工程的施工应在建筑结构基层养护期后的2个月之后进行。

4）地面防氡层与墙面防氡层在施工中应衔接良好，不留空隙。

5）在地面防氡涂层上铺水泥砂浆时需避免用工具刺破、划伤防氡涂层或防氡薄膜。所用砂浆中不应混有石块、碎玻璃等尖锐固体，沙子在使用前需用筛筛过。

二、防氡复合墙面施工

防氡复合墙面及顶棚的施工重点是防氡涂料的施工，其方法与普通乳胶涂料施工方法大体类似。但需要注意的是：整个涂装施工一定要确保防氡涂层底下有一层可靠的抗裂层，这样即使基层因应力和温、湿度变化产生细微裂纹时，防氡涂层不会产生裂纹，否则防氡效果不会持久。

除使用弹性腻子作为抗裂层外，应使用抗裂弹性底涂。打磨时应不破坏弹性底涂的完整性。具体要求如下：

1. 抹灰工程施工

抹灰前用笤帚将顶棚、墙面清扫干净，如有油渍或粉状隔离剂，应用10%火碱刷洗，清水冲净，或用钢丝刷子彻底刷干净。抹灰前一天，墙面、顶棚应浇水湿润，抹灰时再用笤帚淋水或喷水湿润。剔除顶棚缝灌缝混凝土凸出部分及杂物，然后用刷子蘸水将表面残渣和浮尘清理干净，刷掺水量10%的108胶水泥浆一道，紧跟抹1∶0.3∶3混合砂浆将顶缝抹平，过厚处应分层勾抹，每层厚度宜为5mm～7mm。当抹灰层厚度大于35mm时应采取在抹灰层中加设钢丝网加强措施。主要施工步骤如下：

1）抹灰前基层表面的尘土、污垢、油渍等应清理干净，混凝土墙面、砖墙面、天棚等表面凸出部分应凿平，对蜂窝、麻面、露筋等疏松部分应凿到密实处后，用1∶2.5水泥砂浆分层补平。

2）在不同材料基层交接处应采用加强网，加强网与各基层的搭接宽度不应小于150mm。

3）抹灰用砂浆宜使用预拌砂浆，强度等级不应小于M15，且不宜掺入外加剂。特殊情况下掺入外加剂时，砂浆强度应在原设计基础上提高一级。

4）抹灰工程严禁出现空鼓、裂缝现象。当抹灰总厚度大于或等于35mm时，抹灰工程应分层进行并应采取防裂措施。

2. 批刮弹性腻子施工

批刮弹性腻子之前清除基层表面粉尘、油污、锈迹等，确保墙面清洁，检查基层牢固度，疏松、空鼓部分应予以铲除，墙面明显凸出部位的砂浆疙瘩，应打磨平整，对于吸水性强、比较疏松的基层，应用高渗透性封底界面剂处理，进行封闭和加固。

施工时弹性腻子满批2道~3道，第一道以修补为主、满批，要求批刮平整，不漏底。为避免腻子收缩过大，出现开裂和脱落，一次刮涂不宜过厚，根据不同腻子的特点，厚度以0.5mm~1mm为宜，腻子总厚度一般不超过3mm为宜，刮涂时掌握好刮涂工具的倾斜度，用力均匀，以保证腻子饱满度。主要施工步骤如下：

1）批刮腻子必须在基层充分干燥后进行；

2）基层验收合格后，用弹性腻子补平基层表面凹凸不平处，然后满刮腻子一道，待表干后打磨平整，并应清除浮灰；

3）接着刮涂第二道腻子，工序、材料同第一道，待表面干燥后打磨平整；

4）重复第3）步骤，直到表面平整度达到防氡涂料施工要求。

3. 涂刷防氡涂料施工

防氡涂料涂刷时，必须待腻子层实干后方可进行涂刷涂料，一般批刮最后一道腻子后，需要24h（25°C）方可实干。

涂刷防氡涂料前，基础含水率不得大于8%，对于局部湿度较大的部位，可采用烘干措施进行烘干，刷浆时，要求做到颜色均匀、分色整齐，不漏刷、不透底，最后一道的刷浆完毕后，应加以保护，不得损伤。主要施工步骤如下：

1）涂刷防氡涂料的施工应在腻子层充分干燥并将基层粉尘清理干净后进行。

2）涂刷防氡涂料不应少于两道，在第一道防氡涂料干透后再涂刷第二道。涂刷顺序应上下、左右交叉进行，两道涂层间的接缝应错开；防氡涂料与门窗框处应有可靠搭接。

第三节　防氡材料性能要求与检测

使用防氡材料的目的是为了屏蔽氡从土壤、墙体或建材中渗出。其性能要求较为苛刻，主要有抗老化、延展率、抗拉强度、弥合裂缝能力、抗渗性能、混凝土黏结强度以及最主要的防氡性能等。

一、防氡材料性能要求

防氡材料种类很多包括聚合物薄膜、高致密性的砂浆和混凝土结构、防氡涂料、密封胶等。对于封堵裂缝和开口的密封胶来说，其主要考虑的是材料的抗老化、延展率以及和混凝土的黏结强度。因为对于密封胶来说，随着时间的流逝、外界温湿度的变化以及其他应力变化，材料会出现老化、脱离等情况，如果材料的抗老化性能不高、延展率不好、与混凝土的黏结强度不够，密封胶就失去其本来的作用。

防氡涂料则主要用于内墙、天棚及楼地面，防氡涂料存在的普遍问题是内墙防氡涂料与其他内墙涂料一样，成膜后会变脆。当墙面底材发生裂纹时，表面涂层就容易跟着开裂，防氡效果难以持久；而建筑工程中的混凝土和水泥砂浆地面和墙面随着时间流逝、应力变化，很少有不出现细微裂纹的，石灰砂浆也是如此。所以防氡涂层能够抵御墙面和地面的细微裂纹是涂层具备持久防氡能力的必要条件。

为此，对于防氡涂料及密封材料用于内墙、天棚及楼地面工程时，规定其物理力学性能应符合现行行业标准《弹性建筑涂料》JG/T 172 的有关规定。比如拉伸强度在标准状态下应大于或等于 1.0MPa；断裂拉伸率在标准状态下，外墙应大于或等于 200%，内墙应大于或等于 150%。

采用防氡涂料防氡，需要在内墙面使用打底腻子，这种打底腻子必须采用弹性腻子。因为使用弹性腻子后可以减少混凝土和水泥抹灰裂缝对其产生的影响，进而减少防氡涂层的开裂。为此对于弹性腻子也进行了规定，其动态抗裂性应符合现行行业标准《建筑外墙用腻子》JG/T 157 的有关规定，其他性能应符合现行行业标准《建筑室内用腻子》JG/T 298 的有关规定。

防氡涂料最主要的性能指标是防氡性能。自防氡涂料出现后，就涉及防氡涂料的效果评价以及不同涂料防氡效果的比较问题，但对于涂料的防氡效果至今未形成统一的标准检测方法。随着防氡涂料的广泛使用，人们对涂料的效果检测和评价的研究也越来越多，文献表明所谓的防氡是指某种材料的厚度达到其氡有效扩散长度的 3 倍或以上，进而达到阻止其扩散的目的。反之，则不具备密封氡气的能力。所以若要明确一种材料在使用过程中是否可以达到防氡的目的，测量计算防氡涂料的氡扩散系数，通过氡扩散系数计算出材料的氡扩散长度，然后查询表 3-4 就可以较为直观地判断材料在工程应用中是否有效防氡。但是此方法对于各向同性材料来说是适用的，而对于各向异性材料来说测量值并非是其氡扩散长度，因为氡气在材料中的扩散并非均匀。为了统一各向同性和各向异性材料的测量方法，在这里引入“有效扩散长度”这一概念，即“当氡气的浓度减少至射气源氡气浓度的 $1/e$ 时，该点离射气源的有效距离”。通过测量计算防氡涂料的氡扩散系数，计算出氡有效扩散长度，推算出不同防氡效率下的防氡涂料厚度。

所以，对于防氡材料的防氡性能提出的要求是：防氡材料的防氡效率应达到95%以上，防氡层的厚度为3倍防氡材料有效扩散长度且不超过10mm。之所以规定防氡涂层的厚度不超过10mm，是因为太厚的防氡涂层不利于实际工程中的施工。

二、防氡材料的防氡性能检测

对于防氡材料的性能检测来说，我们主要关注的是防氡性能的检测，所以这里着重说明如何检测防氡材料的防氡性能。

防氡材料的防氡性能主要还是采取氡扩散长度这一指标，防氡涂层的厚度为氡扩散长度的3倍且实际厚度不超过10mm。

具体的防氡涂料氡有效扩散长度的测量方法如下（图3-8）：

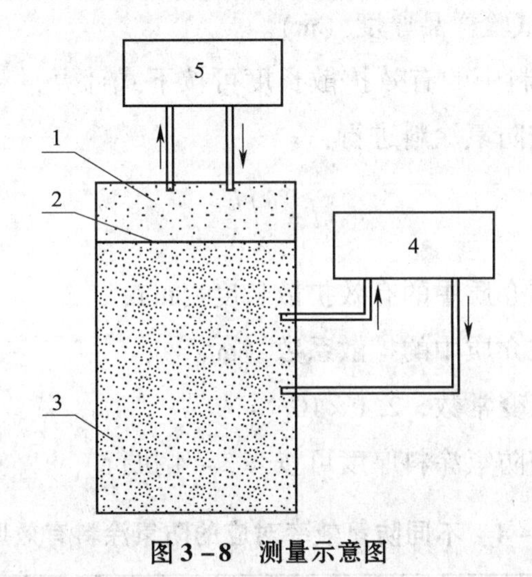

图3-8 测量示意图

1—测量室；2—涂料层；3—集氡室；4—测氡仪A；5—测氡仪B

1）在一个内部充有高浓度氡的箱（高浓度氡室）上放置一块涂刷在定性滤纸上的防氡涂料，然后在防氡涂料上方放置一个测量室，通过测量测量室内的氡浓度来计算氡扩散系数，进而计算出氡有效扩散长度。

2）高浓度氡室中的氡浓度要求稳定在1×10^5Bq/m^3，因为一般的墙体建筑材料在长期封闭的情况下，其内部的氡浓度低于1×10^5Bq/m^3；一般的土壤在长时间封闭的情况下，其内部的氡浓度也在1×10^5Bq/m^{3}左右。为反映防氡涂料在实际工程中的防氡效果，测试过程中高浓度氡室中的稳定氡浓度数量级定为1×10^5Bq/m^3。滤纸对氡几乎没有阻挡作用，用滤纸作为防氡涂料成型的载体利于涂料的成型。为真实反映防氡涂料的效果和便于比较，在滤纸上涂刷防氡涂料时应按涂料的使用说明进行涂刷。

通过对高浓度氡室和测量室内的氡浓度测量，计算出扩散系数 k，进而计算出氡有效扩散长度。氡在介质中的扩散系数应按下式进行计算：

$$k = \frac{\lambda d^2}{\left[\ln \frac{n_0 \ (1 - e^{-\lambda T})}{n}\right]^2} \tag{3-1}$$

式中：k——氡 -222 在介质中的扩散系数（m^2/s）；

n_0——试验装置中集氡室内的氡浓度（Bq/m^3）；

n——试验装置中测量室内的氡浓度（Bq/m^3）；

λ——氡 -222 衰变常数，$2.1 \times 10^{-6} s^{-1}$；

T——测量持续时间（s）；

d——防氡涂料试验样品厚度（m）。

氡 -222 在防氡涂料中的有效扩散长度可按下式计算，氡 -222 在防氡膜中的有效扩散长度测量可按防氡涂料进行：

$$l = \sqrt{\frac{k}{\lambda}} \tag{3-2}$$

式中：l——氡 -222 在介质中的有效扩散长度（m）；

k——氡 -222 在介质中的扩散系数（m^2/s）；

λ——氡 -222 衰变常数，$2.1 \times 10^{-6} s^{-1}$。

不同防氡效率所需防氡涂料厚度可按表 3 -4 执行。

表 3 -4　不同防氡效率对应的防氡涂料有效厚度

防氡效率（%）	50	80	90	95	98	99
防氡涂料有效厚度（m）	0.69l	1.6l	2.3l	3.0l	3.9l	4.6l

注：对于各向同性的防氡涂料有效厚度等同于几何厚度。

第四节　通风要求与检测

当室内氡浓度出现超标的情况时，通风是一种经济有效的降氡方法。即通过引入室外低氡浓度的新鲜空气来稀释和带走室内高浓度的氡及其子体，使室内氡浓度降低和保持在标准所要求的范围内。

一、室内通风的作用

关于新风量的调查研究，西方国家早在 20 世纪 90 年代初就已开始，从对加拿大、美国及西欧、南美 85 栋室内空气质量较差的建筑调查结果来看，在导致室内空气质量较差的所有原因中，室内新风不足排在第一位，占 57%；其次是室内污染源增多。美国职业安全与卫生研究所的调查也表明，室内空气影响人体健康的几大因素中，新风量不足占 48%，国际室内空气协会成员、《室内空气》期刊主编 Sundeu 教授对瑞典 160 栋建筑进行研究，发现室内新风量越大，发生建筑病综合征的风险就越小。

我国是在 2003 年发生“非典”时才开始真正关注室内新风与健康之间的关系的。2004 年北京市卫生局对北京市 80 家公共场所的空气质量进行了抽查，检查结果显示 90% 属于严重污染。2004 年在天津市首次空气质量调查活动中，对 50 家室内空气污染严重的单位和家庭进行了检测，结果发现大多数室内空气污染物（甲醛、苯、氨、氡等）并没有超标，为什么在众多空气污染物都没有超标的情况下，室内空气仍然污染严重呢？经调查发现，其共同的特点是通风不好，也就是说新风量不足。

人们往往知道影响室内空气质量主要是装修建材和家具，却不知道使用过程中新风对室内空气质量的影响有多大。我们每天要消耗 12kg（$10m^3$）的新鲜空气，相对于水和食品来说，空气是人体最大的消耗品，而都市人 70%～80% 的时间都是在室内度过的，所以保证室内的空气质量，充足的新鲜空气是现代都市人身体健康的第一选择。

室内新风不足的危害：长期处于新风量不足的室内易患“室内综合征”，出现头痛、胸闷、易疲劳的症状，还容易引发呼吸系统和神经系统等疾病。

室内新风不足的主要原因：房屋自然通风能力普遍不足；对于空调房屋，为了节省运行费用按最小新风量运行导致新风量不足；空调设计中新风量取值过小不能满足室内空气品质的要求；新风处理输送和扩散过程的污染恶化了新风品质，削弱了新风的稀释作用；空调系统运行管理不当也可能造成新风量的不足。

二、室内新风量要求

在介绍具体的新风量对室内氡浓度的影响之前，有必要说明目前国家标准对公共建筑室内新风量的要求。国家强制性标准《民用建筑供暖通风与空气调节设计规范》GB 50736—2012 第3.0.6 条中对公共建筑主要房间每人所需最小新风量做出了规定：办公室设计最小新风量为 30m³/（h·人），客房设计最小新风量为 30m³/（h·人），大堂、四季厅设计最小新风量为 10m³/（h·人）。国家强制性标准《民用建筑供暖通风与空气调节设计规范》GB 50736 对公共建筑的主要房间提出了最小新风量的要求，这主要是因为公共建筑由于从建造、人员安全等角度考虑需要密闭，对于一个密闭空间必须得有一定量的新风进行补充用以维持人们的正常工作生活。所以对于公共建筑必须要由中央空调系统补充一定的新风量，这里的新风量要求必须满足标准的规定。根据一般办公室、客房、大堂等的面积及人数，可以估算出室内空气设计的新风换气率一般都大于 1 次/h。对于民用建筑中的住宅类建筑主要的功能是居住，且绝大部分并不是密闭的，它的新风主要是通过开门窗的自然通风。对于此类建筑的新风量可以参考现行国家标准《民用建筑供暖通风与空调设计规范》GB 50736 设计中对新风量的最小要求。

一般来说，公共建筑的主要房间新风换气率都大于 1 次/h，在此条件下可以有效地控制室内的氡污染。而对于住宅类的民用建筑来说，绝大多数住宅为开门窗式的自然通风，由于人们的生活环境、生活习惯的不同导致有些家庭习惯开窗通风，而有些家庭习惯关闭门窗，他们的室内房间新风换气率差异较大。据北京、郑州、深圳等城市对居民的室内新风换气率进行的调查资料显示，室内新风换气率平均为 0.3 次/h，最小值小于 0.1 次/h，最大值大于 1 次/h。根据试验室研究数据表明：室内氡浓度达到 1000Bq/m³ 的情况下，新风换气率为 1 次/h 时，室内氡浓度能降至约 50Bq/m³；新风换气率为 0.1 次/h 时，室内氡浓度能降至 200Bq/m³～300Bq/m³。综合以上实验数据，对于通风良好的住宅类民用建筑，室内氡浓度超标罕见；而对于通风较差、新风换气率小于 0.1 次/h 的住宅类民用建筑，室内氡浓度超标的可能性较大。一般住宅类民用建筑室内新风换气率小于 0.1 次/h 的原因有很多，比如房屋处在噪声较大的街道或者工厂附近，开窗通风可能会造成室内噪声较大，人们无法正常生活和休息；比如外界的灰尘较多，颗粒物浓度较大，如果开窗通风可能导致室内颗粒物浓度增大，影响正常生活，以及使用空调调节室内温度等。总之，较差的外部环境导致开门窗通风成为日程生活中较少的活动，进而导致室内氡浓度超标。

对于以自然通风为主的住宅类民用建筑，由于外部恶劣的环境导致室内新风换气率较低进而导致室内氡浓度超标的，业主有必要进行主动通风。比如在室内安装新风换气机，保证人员在屋内的时候室内的新风换气率达到 1 次/h 或者更高。

三、新风量检测

目前有空调的公共场所、有空调的居室内以及办公所室内新风量的测定主要采用国标《公共场所室内新风量测定方法》GB/T 18204.18 中规定的方法。

标准中主要采用示踪气体浓度衰减法，在待测室内通入适量示踪气体，由于室内外空气交换，示踪气体的浓度呈指数衰减，根据浓度随着时间的变化的值，计算出室内的新风量。

一般常用的示踪气体有二氧化碳、六氟化硫、三氟溴甲烷等，考虑到经济因素，大部分的检测单位还是采用二氧化碳作为示踪气体，但是考虑到测量精度使用六氟化硫作为示踪气体更为合适。

新风量的测定主要分三个方面：

（1）室内空气总量的测定

用尺测量并计算出室内容积，同时计算出室内物品总体积，用室内容积减去室内物品总体积，得出室内空气容积。

（2）测定的准备工作

按仪器使用说明校正仪器，校正后待用；打开电源，确认电池电压正常；归零调整及感应确认，归零工作需要清净的环境中调整，调整后即可进行采样测定。

（3）采样与测定

关闭门窗，在室内通入适量的示踪气体后，将气源移至室外，同时用摇摆扇搅动空气 3min ~ 5min，使示踪气体分布均匀，再按对角线或梅花状布点采集空气样品，同时在现场测定并记录。然后通过平均值法或回归方程法计算空气交换率：

新风量计算，见下式：

$$Q = AV \tag{3-3}$$

式中：Q——新风量（m^3/h）；

A——换气率（1/h）；

V——室内空气容积（m^3）。

换气率计算：

取 15min 间隔的 CO_2 浓度，不少于 5 次。用回归方程法计算换气率，见下式：

$$\ln C_1 = \ln C_0 - At \tag{3-4}$$

式中：C_1——t 时间的示踪气体浓度（mg/m^3）；

A——换气率（1/h）；

C_0——测量开始时 CO_2 气体浓度（mg/m^3）；

t——测定时间（h）。

公式中 C_1、C_0 需减环境本底 CO_2 浓度后再取自然对数计算。

第四章 工程验收

第一节 工程验收过程中的室内氡浓度检测

1. “规程”第6.0.1条要求

民用建筑工程验收时，必须进行室内环境氡浓度检测，其限量应符合表6.0.1的规定。

表6.0.1 民用建筑工程室内氡浓度限量

工程类别		氡（Bq/m^3）
Ⅰ类民用建筑工程	幼儿园、中小学教室和中小学学生宿舍、老年人居住建筑	≤100
	住宅、医院病房	≤200
Ⅱ类民用建筑工程	办公楼、商店、旅馆、文化娱乐场所、书店、图书馆、展览馆、体育馆、公共交通等候室、餐厅、理发店等	≤400

本条对Ⅰ类建筑中的幼儿园、中小学教室和学生宿舍及老年建筑验收时提出了更高的要求，即不大于$100Bq/m^3$。之所以提出更高的要求，主要考虑了以下两方面情况：

1）世界卫生组织（WHO）2009 年发布的“氡手册”建议将室内氡的年均浓度定为不大于 100Bq/m^3，我国现行国家标准《住房内氡浓度控制标准》GB/T 16146也已提出室内氡浓度“目标水平”为年均浓度不大于100Bq/m^3，因此，将幼儿园、中小学教室和学生宿舍及老年建筑的室内氡浓度限量值确定为100Bq/m^{3}比较合适，同时也代表了我国“十二五”规划建设小康社会的发展方向。

2）2007—2010 年全国10 城市住宅建筑物的室内氡浓度综合调查（涉及人口4000 万人上下）结果表明：我国住宅室内氡浓度全年平均值在36. 1Bq/m^{3}上下，范围在 10Bq/m^3 ~203Bq/m^{3}之间；根据调查，在居民正常生活条件下，住宅室内氡浓度超过 100Bq/m^{3}的占被调查总户数的 3. 3%；超过 150Bq/m^{3}的仅占被调查总户数的 1. 0%；超过 200Bq/m^{3}的仅占总户数的 0. 14%。因此，可以预计，本“规程”将幼儿园、中小学教室和学生宿舍及老年建筑的室内氡浓度限量值确定为不超过100Bq/m^3，不会出现大量这类建筑竣工验收时超标、难以交付使用的情况。

2. “规程”第 6. 0. 2 条要求

民用建筑工程室内空气中氡的检测，所选用方法的测量结果不确定度不应大于25%，方法的探测下限不应大于 10Bq/m^3。

空气中氡的检测方法有多种，对于民用建筑工程的验收检测来说，由于检测工作量大，时间要求短，有的检测方法不太适用，因此，本“规程”只要求所选用的方法的测量结果不确定度不应大于 25%，方法的探测下限不应大于 10Bq/m^3。检测方法的使用及具体要求内容多，详见现行国家标准《民用建筑工程室内污染控制规范》GB 50325 中附录。

3. “规程”第 6. 0. 3 条要求

民用建筑工程验收时，室内氡浓度抽检房间数量应符合下列规定：

1　抽检每个建筑单体有代表性的房间室内环境氡浓度，抽检量不得少于房间总数的 5%；

2　实际房间与样板间使用同一设计、同一型号材料，样板间室内氡浓度检测结果合格的，抽检量可减半，但不得少于 3 间；

3　对于墙体材料使用加气混凝土、空心砌块、空心砖及工业废渣块体材料的建筑工程，抽检房间比例不低于 10%，且每个建筑单体不得少于 3 间，当房间总数少于 3 间时，应全数检测；

4　抽检房间数量可从低层向上逐渐减少，工程场地为二、三、四类土壤时，人员长期停留的地下室及一层房间抽检比例不低于 40%。

民用建筑工程验收时，抽检房间数比例与现行国家标准《民用建筑工程室内污染控制规范》GB 50325 一致，但对于工程场地土壤氡浓度大于 20000Bq/m³［或土壤表面氡析出率大于 0.05Bq/（m²·s）］以及墙体材料使用加气混凝土、空心砌块、空心砖及工业废渣（粉煤灰、矿渣等）的建筑工程的情况，考虑到土壤氡对室内影响较大以及加气混凝土、空心砌块、空心砖及工业废渣（粉煤灰、矿渣等）氡的析出率较高，因此，提出“抽检房间比例提高到 10%，一楼不低于 40%，对于有连通地下室的别墅，地下室必检”等要求是必要的。

现行国家标准 GB 50325 对抽检房间是指“自然间”，在概念上可以理解为建筑物内形成的独立封闭、使用中人们会在其中停留的空间单元。计算抽检房间数量时，指对一个单体建筑而言。一般住宅建筑的有门卧室、厨房、卫生间及厅等均可理解为“自然间”，作为基数参与抽检比例计算。条文中“抽检每个建筑单体有代表性的房间”指不同的楼层和不同的房间类型（如住宅中的卧室、厅、厨房、卫生间等）。对于室内氡浓度测量来说，考虑到土壤氡对建筑物低层室内产生的影响较大，因此，一般情况下，建筑物的低层应增加抽检数量，向上可以减少，对此，本“规程”有待进一步具体化。

4．“规程”第 6.0.4 条要求

民用建筑工程验收时，室内环境氡浓度检测点数应符合表 6.0.4 的规定。

表 6.0.4　室内环境氡浓度检测点数设置

房间使用面积（m²）	检测点数（个）
<50	1
≥50，<100	2
≥100，<500	不少于 3
≥500，<1000	不少于 5
≥1000，<3000	不少于 6
≥3000	每 1000m² 不少于 3

本“规程”对检测点数的规定与现行国家标准 GB 50325 一致：随着房间面积增加，测量点数有所适当增加，但不宜无限增加，增加了可操作性。

5．“规程”第 6.0.5 条、第 6.0.6 条要求

当房间内有 2 个及以上检测点时，应采用对角线、斜线、梅花状均衡布点，并取各点检测结果的平均值作为该房间的检测值。

民用建筑工程验收时，室内环境氡浓度现场检测点应距内墙面不小于0.5m、距楼地面高度0.8m～1.5m。检测点应均匀分布，避开通风道和通风口。

民用建筑工程及装修工程现场检测点的数量、位置，应参照国家标准《环境空气中氡的标准测量方法》GB/T 14582—1993 中附录 A“室内标准采样条件”和《公共场所卫生监测技术规范》GB 17220—1998，并结合建筑工程特点确定。

6.“规程”第6.0.7条要求

民用建筑工程室内环境中氡浓度检测时，对采用集中空调的民用建筑工程，应在空调正常运转的条件下进行；对采用自然通风的民用建筑工程，应在房间对外门窗关闭24h以后进行，对于测量方法的响应时间超过2h的，可以从对外门窗关闭开始测量，24h以后读取结果。

7.“规程”第6.0.8条要求

对采用自然通风的民用建筑工程，当室内环境氡浓度检测结果不符合本规程第6.0.1条规定时，应按下述方法进行确认检验：

1 在对外门窗关闭情况下，取48h或更长时间的监测结果的平均值作为测量结果；

2 仍然超标，应检测被测房间对外门窗关闭状态下的换气次数，根据氡浓度测量结果和实测的换气次数换算出房间换气次数为0.3次/h的氡浓度作为最终超标与否的判定依据。换算可按下式计算：

$$C_{0.3} = C_0 + \frac{(\bar{C} - C_0)\eta_0}{\eta_{0.3}} \tag{6.0.8}$$

式中：$C_{0.3}$——换气次数为0.3次/h情况下的室内氡浓度；

$\bar{C}$——24h或更长时间的室内氡浓度监测结果平均值；

C_0——室外空气中的氡浓度，一般取$10Bq/m^3$；

η_0——被测房间对外门窗关闭状态下的换气次数；

$\eta_{0.3}$——正常使用情况下的换气次数，取0.3次/h。

当采用自然通风的民用建筑室内环境氡浓度检测结果不符合本“规程”的规定时，须进行确认检验。这是因为“规程”条文第6.0.1条表6.0.1中的Ⅰ类、Ⅱ类民用建筑工程氡浓度限量是指室内的年平均氡浓度，而实际检测对于采用自然通风的民用建筑工程是按照“规程”条文第6.0.7条关闭对外门窗24h后进行，此时测量所得的氡浓度是室内最高的氡浓度。如果测量结果符合本规程规定，则室内的年平均氡浓度肯定小于“规程”条文第6.0.1条的氡浓度限量。如果测量结果不符合本“规程”规定时，其室内的年平均氡浓度仍然有可能小于“规程”条文第6.0.1条的氡浓度限量，所以此时须进行确认检验。

确认时，考虑到初次检测的短时间性（一般为1h左右）以及关闭门窗检测与实际使用情况（人员时进时出，门窗时开时闭）的差别，因此工作需分两步进行：第一步，延长测量时间，在对外门窗关闭状态下进行连续24h测量，以24h平均值作为测量结果。如果仍然超标，应检测被测房间对外门窗关闭状态下的换气次数；第二步，根据监测结果和实测的换气次数换算出房间正常使用情况下（换气次数为每小时0.3次）的氡浓度。如果符合本“规程”的规定，可评定合格；如果仍然超标，可判定该房间不符合本“规程”的规定。

根据监测结果和实测的自然通风换算出房间正常使用情况下（换气次数每小时0.3次）氡浓度的主要原因是：根据世界卫生组织《室内氡手册》、我国现行国家标准《住房内氡浓度控制标准》GB/T 16146、《民用建筑工程室内环境污染控制规范》GB 50325以及本“规程”的限量，室内氡浓度控制的是年平均室内氡浓度值。对于工程验收来说不可能做一年的长期监测，实际工程验收时间要求很短，只能根据监测结果和实测的换气次数换算到正常使用情况下的室内平均氡浓度。根据调查，居民在天气良好情况下一般都有不同程度的开窗习惯，住宅在正常使用条件下，平均换气次数约为每小时0.3次，所以根据检测结果和实测的自然通风换算出房间正常使用情况下（换气次数每小时0.3次）的氡浓度可以判定房间是否超标。

8.“规程”第6.0.9要求

民用建筑工程及其室内装修工程验收时，应检查下列资料：

1　工程地质勘查报告、工程地点土壤氡浓度或氡析出率检测报告、工程地点土壤天然放射性核素镭-226、钍-232、钾-40含量检测报告；

2　涉及室内新风量的设计、施工文件，以及新风量的检测报告；

3　涉及室内环境氡污染控制的施工图设计文件及工程设计变更文件；

4　建筑材料和装修材料的放射性内照射指数及加气混凝土砌块和空心率（孔洞率）大于25%的建筑材料的氡析出率检测报告；天然花岗岩石材或瓷质砖使用面积大于200m^{2}时，产品的放射性内照射指数抽查复验报告；

5　建筑工程场地为二类土壤时，建筑物底层地面抗裂措施设计、施工资料；

6 建筑工程场地为三类土壤时，建筑物底层地面抗裂措施和地下室按现行国家标准《地下工程防水技术规范》GB 50108 中一级防水要求进行设计、施工资料的文件资料；

7 建筑工程场地为四类土壤时，采取的建筑物综合防氡措施的设计及施工文件资料；

8 Ⅰ类民用建筑工程，场地为四类土壤时，工程场地土壤中的镭-226 比活度检测资料及工程场地土壤内照射指数（I_{Ra}）大于1.0时，工程场地回填土放射性检验资料。

9 样板间室内氡浓度检测报告。

9. “规程”第 6.0.10 要求

室内环境氡指标验收不合格的民用建筑工程，应进行治理，经再次检测合格后方可投入使用。

在进行工程竣工验收时，一次检测不合格的，可再次进行抽样检测，但检测数量要加倍。这里所说的“抽检量应增加1倍”是指：不合格检测参数（不管超标房间数量多少）按原抽检房间数量的2倍重新检测。例如，第一次检测时抽检6个房间，发现有1个房间超标，那么，将重新抽检12个房间进行检测。

第二节 工程验收室内氡浓度超标的处理

“规程”第7章要求“建筑室内氡浓度超过限量的民用建筑应查找超标原因，并采取相应的治理措施。”具体要求如下：

1. “规程”第 7.1.2 条要求

治理室内氡污染可采用通风稀释、屏蔽和净化等方法，将室内氡浓度降低到本规程规定的限量值以下。建筑物降氡改造时，需在专业人员指导下进行。

建筑物降氡改造应遵循辐射防护最优化原则。氡浓度超标不严重或季节性超标的情况，宜采用通风、屏蔽氡源、净化吸附或过滤氡子体等成本较低的临时性降氡措施。氡是单原子惰性气体，氡气的分子直径只有0.46nm，很容易从土壤或建材中释放出来。氡气没有颜色和味道，只有通过检测装置才能够测量到，因此房屋的降氡改造要在专业人员指导下，才可能达到预期的效果。

2. “规程”第 7.2.1 条要求

应查看本规程第6.0.9条中的有关资料和以往的检测结果，对氡浓度超标建筑物进行初步判断。

复核“规程”第6.0.9条要求的土壤、建筑材料和室内氡浓度检测报告及地质勘查等相关资料。高天然辐射背景地区或土壤氡浓度≥30000Bq/m^{3}的地下室和3层以下的房间重点考虑土壤氡的渗入；3层及以上的房间主要考虑墙体材料氡的析出。

3. “规程”第7.2.2条要求

对氡浓度超标建筑物，应实地勘察建筑物的构造、房间分布、通风状况、建筑材料、超标房间位置，分析氡的可疑来源，制定勘测方案。

实地勘察的目的是寻找室内氡浓度增高的原因，通常氡的室内源项有地基土壤、建筑材料、地下水、天然气等。房间过于密闭则提供了氡气聚集的有利条件。另外，寒冷季节导致的室内外温差增加而形成的负压，也会提高建筑物表面氡的析出率。

4. “规程”第7.2.3条要求

氡来源的可疑点应采用时间响应快的仪器进行探测。对于墙面、地面等建筑材料泄露释放氡的情况，可采用氡的面析出率测量方法进行探测。

氡来源可疑点需要采用时间响应快的仪器进行探测。选择房间中心区作为参照点，采气管放在距离地面1m以上的位置，以防地面氡气的干扰。仪器按设定程序进行测量，测量周期通常只有5min，取3次测量的均值。通过与参照点测值的比较，确定建筑物中氡气的释放点。

5. “规程”第7.3.1条要求

建筑室内防氡降氡措施可选用“规程”表7.3.1中的治理措施：

表7.3.1　降低建筑室内氡的治理措施

氡来源 / 室内氡浓度（Bq/m^3）	土壤氡	建材氡
200～400	1　加强自然通风； 2　采用屏蔽氡来源措施； 3　净化吸附或过滤氡子体	1　加强自然通风； 2　净化吸附或过滤氡子体

续表 7.3.1

室内氡浓度（Bq/m³）＼氡来源	土壤氡	建材氡
400～1000	1　加强自然通风或机械通风； 2　封堵屏蔽氡来源； 3　土壤减压法	1　加强自然通风或机械通风； 2　屏蔽氡来源（防氡涂料）
>1000	1　机械通风； 2　封堵屏蔽氡来源； 3　土壤减压法	1　机械通风； 2　屏蔽氡来源

1）对室内氡浓度超标的民用建筑应优先采用自然通风措施。开窗的时间和频率可按“规程”附录 D 的方法执行。对于没有窗户或可开启窗户面积过小的房间，可通过增开窗户、增大开启面积或增加换气口，提高房间的新风量。

2）对于采用集中式空调的建筑，应按照有关新风量设计标准的要求增加新风量；对于自然通风的建筑，可增加进风排风设备，换气次数和通风时间可按“规程”附录 D 的方法执行。

3）防止土壤氡进入措施应符合下列规定：

a）对地板裂隙、地面和墙面的交界处、穿过地板或围墙的管道与线路、地下管沟等处的裂缝及孔洞应采用弹性密封材料封堵。

b）整个地面的防氡降氡处理，可采用防氡复合地面、铺设防氡膜等屏蔽隔离技术，实施方法应符合“规程”第 5 章的有关规定。

c）土壤减压施工方法应符合“规程”附录 A 的规定。室内氡浓度小于或等于 1000Bq/m³ 的建筑，可采用被动减压法。室内氡浓度大于 1000Bq/m³ 的建筑可采用主动减压法。

4）采用涂刷防氡涂料、涂层等方法处理墙面及天棚。施工方法应符合本“规程”第 5.2 节、第 5.3 节的规定。

5）可根据房间容积和氡水平选择净化除氡装置。在房间使用期间，应开启净化除氡装置保持连续工作状态。

除了以上的方法，自然通风其实是最简单经济的。自然通风是利用室外新鲜空气稀释和驱除室内含氡空气的过程，是最简单、最方便和成本最低的降氡方法。一般的住宅，室内日均自然空气交换率为每小时0.2次～0.5次。采用节能技术修建的新型住宅的密封性较好，自然空气交换率降低到每小时0.1次。经常开窗，可以增加室内空气流通，稀释包括氡气在内的室内污染物。

选择某一超标住宅观测了不同开窗时间的降氡效果（表4－1），开窗大于2h，室内氡浓度降低大于80%。开窗的时间和频率可参照“规程”附录D选择。

表4－1　开窗时间与降氡效果

开窗通风时间（h）	$C_{Rn开窗期间}$（Bq/m^3）	$C_{Rn日均}$（Bq/m^3）	$\gamma_{开窗期间}$（%）	$\gamma_{日均}$（%）
0		264		
2	63.0	217	76.1	18.0
4	51.5	205	80.5	22.5
8	38.5	179	85.4	32.2
24	42.4	42.4	84.0	

注：γ 氡浓度降低率。

使用“规程”附录D需要知道房间的空气交换率，空气交换率的测量方法比较复杂，也可通过室外平均风速估算出房间的空气交换率。

根据目前室内污染的调查资料，室内空气质量与室内每天平均换气次数有直接的关系。室内每天平均换气次数应该包括两种状态，即静态换气次数（门窗关闭）和通风换气次数（门窗开启）之和。其表达式为公式：

$$H_p = \frac{H_j \cdot T_j + H_D \cdot T_D}{24} \qquad (4-1)$$

式中：H_p——室内平均换气次数（次/h）；

H_j——室内静态换气次数（次/h）；

T_j——门窗关闭时间（h）；

H_D——室内通风换气次数（次/h）；

T_D——门窗开启时间（h）。

北京地区门窗关闭时室外主风平均风速与室内静态换气次数关系如下：

$$H_j = 0.00822X^3 - 0.1123X^2 + 0.6899X - 0.2393 \qquad (4-2)$$

式中：X——室外平均风速（m/s）。

另外，介绍一下净化除氡技术。净化除氡技术是通过吸附氡气或过滤悬浮在空气中的氡子体来降低氡的危害。对于后者曾受到争议，其焦点是空气中的氡子体以结合态与未结合态两种形式存在，过滤器收集到的是气溶胶和结合到气溶胶上的氡子体，而气溶胶浓度降低可能会导致未结合态氡子体浓度升高。同等浓度未结合态氡子体的剂量转换系数是氡气和结合态氡子体的 800 倍和 16 倍。虽然大量结合态氡子体被过滤掉，由于未结合态氡子体浓度升高，对人体的实际剂量可能没有降低。采用活性炭吸收氡气，需要的量非常大，很难长期使用。因此，1990 年美国 EPA 颁布的《住宅空气净化器》（Residential Air Cleaning Devices）中指出：不赞同将空气净化器作为减少氡衰变产物的方法，因该方法在减少氡引起的危险度的有效性方面未得到证实。同时也指出：现有的证据还不能禁止空气净化器使用。欧盟 1995 年出版《室内空气质量对人的影响：室内氡》（Europe commission. Indoor air quality and its impact on man，Report No15，1995. Radon in indoor air）中基本接受了美国 EPA 的观点，但认为对于氡主要来源于建筑材料的建筑物可能会有效果。以往 EAP 提出的观点是基于理论计算和逻辑推理，由于未结合态氡子体测量技术复杂，未得到实验证实。1992 年美国 Li C. S，HopkeH P. K. 率先研究了空气过滤系统对室内普通粒子源的影响，采用自动半连续式活性加权粒度分布测量系统，测量项目包括氡浓度、凝结核、氡衰变产物活度粒径分布。结果证明空气净化可作为降低独立式结构房屋氡子体所带来的风险的一种手段。美国核物理学家 Steck 博士也认为滤网上吸附的微粒应该包括结合态氡子体和未结合态氡子体，因此空气净化器应该能够降低氡衰变产物和有效剂量。日本对市场销售的空气净化器进行了测试，结果显示气溶胶过滤率 2 次/h，氡剂量可减少 30% ~50%。我国工程兵研制的空气净化系统降低结合态和未结合态氡子体的比率分别超过 90% 和 80%。考虑到我国室内氡很大部分来自建筑材料，因此这里推荐了净化除氡的技术。

第五章
防氡降氡工程实例

第一节　吉林长春别墅式住宅防氡降氡示范工程

一、工程概况

吉林省长春市别墅式住宅防氡降氡示范工程（共4栋，总计约5000m²），已于2007年12月完成。

工程概况：吉林长春建设街住宅防氡降氡工程于2006年开始建设，由4栋单体别墅建筑构成，单体建筑均采用同一设计图纸，同期施工。单体建筑的建筑面积均为1200m²，两户型，框架结构，每栋建筑分半地下室、地上一层、二层、局部三层构成。斜屋顶，楼顶安装太阳能热水器，楼内通过楼梯上下贯通，无隔断门。

建筑物外窗皆采用三层中空玻璃，门窗密闭性能良好。

该工程地质勘查报告称该工程地点“无活动地质构造”。

开工前经检测，工程地点土壤氡浓度平均值13000Bq/m³，虽高于全国土壤氡浓度平均值7300Bq/m³，但不属于必须采取防氡降氡措施工程，但为了达到严格防水（防氡降氡）效果，按防氡降氡工程设计和要求。

施工中使用的各类建筑材料、装修材料均符合国家有关标准要求。

该住宅工程按200Bq/m³标准控制建筑室内氡浓度（包括半地下室）。

二、工程采取的防氡降氡措施

工程基础防氡（一级防水）设计与施工

吉林省长春市建设街防氡降氡示范住宅工程中采取的主要技术措施是工程基础防氡（一级防水）设计与施工：工程采用筏板（地下室地板）基础设计，筏板埋深2800mm，基底先采用高聚物改性沥青防水卷材做外防水，再在其上用20mm水泥砂浆找平，后进行厚度为300mm的抗渗防水钢筋混凝土施工。地下墙体构造从外到里依次为：80mm厚阻燃型聚氯乙烯保温材料板、高聚物改性沥青防水卷材、250mm抗渗防水钢筋混凝土。地下墙体防水层出地面以上约200mm。建筑物室内管线引出室外的预留孔与管线接触处采用水泥砂浆密封。

土建完成后，于2007年8~9月进行了室内氡浓度情况调查测量。测量工作由当地工程检测机构会同国家建筑工程室内环境检测中心完成。

使用仪器：RAD7型测氡仪，测量周期45min，循环次数8次（连续6h）。

被抽查的建筑单元有：1栋2#单元，2栋3#单元、4#单元，3栋6#单元。检测结果如表5-1：

表5-1　该工程土建完成后（未采取进一步措施前）室内氡浓度抽查结果

单元号	测量结果（Bq/m³）		
	地下室	一楼厅	二楼厅
2#	456		
3#		215	
4#	376		
6#	489	273	

从表5-1可以看出，土建完成后室内氡浓度超标情况突出。为此，使用RAD7型测氡仪在地下室查找氡泄露点，并对建筑物的结构特点进行了分析，得出以下结论：

1）几乎所有地下室地面边沿与墙壁的交接处存在明显缝隙，正是这些缝隙成为土壤氡从土壤进入室内的通道。

2）房屋门窗密封严密，在不开门窗情况下，室内空气流通差。

3）虽然该住宅工程的基础施工采用一级防水（防氡）措施，但由于室内楼梯上下贯通，形成了建筑物内的“烟囱效应”，即建筑物内空气自下而上的自身抽吸作用，使建筑物内总是处于空气负压状态，使得地下氡气易于逸出，且易于从地下室向上传送。

针对存在问题，采取以下补救措施：

1）借助地下室装修，使用防水复合材料、防氡涂料，密封所有地面及墙壁的缝隙，减少土壤及墙体的氡气进入室内。

2）为阻断地下室内的氡向楼层上的扩散通道（抽吸作用），在地下室与一楼之间设置一道隔门，地下室加装排气扇，平时隔门关闭，人员进入前排气。

3）利用地暖夹层与地面（地坪）之间的空隙，增设排风管道，从地下直通屋顶，利用“烟囱效应”，抽吸夹层空间，使之保持负压状态，以减少土壤氡通过地面缝隙向室内渗透。

4）使用防氡涂料对室内墙面、顶板涂饰，减少建筑材料氡向室内的释放。

三、综合防氡降氡措施效果明显，达到预期

工程施工中进一步采取室内防氡降氡工程措施后，于2007年12月进行了室内氡浓度情况调查测量。测量工作由当地工程检测机构会同国家建筑工程室内环境检测中心完成。

使用仪器：RAD7型测氡仪，测量周期60min，循环次数24次（连续24h）。

被抽查的建筑单元有：1栋2#单元，2栋3#单元、4#单元，3栋6#单元。检测结果如表5－2：

表5－2　土建完成后室内氡浓度抽查2#单元结果

测量开始后时间（h）	地下室（Bq/m^3）	一楼（Bq/m^3）	二楼（Bq/m^3）	备注
1	102	90.4	111	
2	111	96.1	114	
3	112	96.1	79.7	
4	118	116	85.2	
5	119	118	117	
6	105	107	90.7	
7	113	102	89.4	
8	120	70.9	85.2	8h后开窗30min
前8h平均	111	104	100	
9	93.8	44.5	49.5	
10	46.1	44.4	42.6	
11	50.3	62.6	39.9	

续表 5－2

测量开始后时间（h）	地下室（Bq/m³）	一楼（Bq/m³）	二楼（Bq/m³）	备注
12	67.1	63.9	48.2	
13	69.9	65.3	53.7	
14	68.5	70.9	68.6	
15	68.5	90.4	55	
16	92.3	109	59.2	
17	83.9	61.2	77.1	间隔 10h 开窗 30min
间隔 10h 平均	79	72	59	
18	53.1	55.6	39.9	
19	36.3	40.3	38.5	
20	51.7	38.9	34.4	
21	57.3	75.1	59.2	
22	68.5	76.4	59.2	
23	74.1	76.4	74.3	
24	82.4	104	71.6	
间隔 7h 平均	63	66	57	
24h 平均值	72	70	58	

从表 5－2 数据可以看出，防氡降氡措施效果明显：所有房间的氡浓度均已降到 100Bq/m³以下，实现了示范工程预期的目标。

第二节　深圳梅山苑二期防氡降氡示范工程

一、背景介绍

2003—2005 年全国 20 个城市土壤氡调查发现，深圳市土壤氡浓度的平均值为 50500Bq/m³。深圳经济特区内 69 个测量点的数据给出的土壤氡浓度的平均值为 50700Bq/m³，而全国土壤氡浓度的平均值为 7300Bq/m³，深圳市应属于土壤氡高背景区，是本次调查的 20 个城市中土壤氡浓度最高的地区。由于深圳土地资源有限，即使土壤氡浓度很高，这些土地大部分仍将作为建设用地。

国家“十一五”科技支撑计划课题《建筑室内辐射污染控制与改善关键技术

研究》将深圳梅山苑住宅小区（二期）列为防氡降氡示范工程，以期探索适合于我国国情的民用建筑工程防氡降氡方法，总结适合于我国城市住宅建设的防氡设计、施工、装修经验，为今后在全国范围内开展防氡降氡工程设计、施工、装修提供借鉴和技术支撑。

梅山苑住宅小区（二期）防氡降氡示范工程包括两部分内容：一是住宅小区配套幼儿园防氡示范工程，二是其他楼栋的防氡工程实践。

二、幼儿园防氡工程概况

深圳梅山苑二期住宅项目是深圳市政府2008年开工建设的保障性住房工程，位于深圳市福田区。幼儿园位于项目用地的南入口，地上三层，占地面积1845.16m²，建筑面积1615.43m²，总高度14.25m，如图5－1所示。

图5－1　梅山苑幼儿园防氡工程实景图

三、梅山苑二期开工前土壤氡浓度测量

1. 梅山苑二期地质条件

梅山苑二期工程原地貌为台地—台地间沟谷，该场地由两片地貌单元不同、地层埋藏情况有差异的工程地质区组成。Ⅰ区：原始地貌为台地，经开挖后整平，下伏基岩埋藏浅，主要为中等～微风化岩，地层为人工填土、花岗岩风化带，无软弱土层。Ⅱ区：原始地貌为台地间沟谷，经填筑后整平，上覆填土变化较大，深度在

0.5m ~ 9.8m 之间。其下分布有第四系全新统冲洪积层及不同风化程度基岩。据地质勘查报告说明该场地范围内基岩主要为不同风化程度的震旦系花岗岩、片麻岩及燕山期侵入粗粒花岗岩，岩体完整性较好，场地稳定，适宜建筑。

2. 土壤氡浓度检测点布设

测量区域范围与工程地质勘查范围相同，布点位置应覆盖基础工程范围。按 10m × 10m 网格布设检测点，基础工程范围内的检测点不少于 16 个。按照上述民用建筑工程场地土壤氡浓度检测点的原则，在该工程基础工程范围内共布设 137 个检测点，其检测点分布示意图见图 5 – 2。

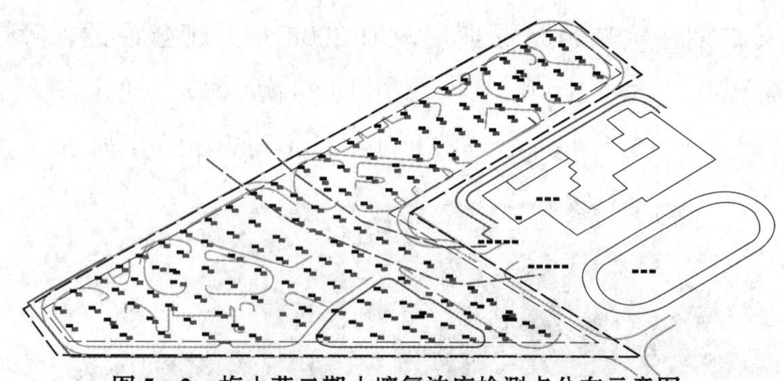

图 5 – 2　梅山苑二期土壤氡浓度检测点分布示意图

3. 梅山苑二期土壤氡测试结果

图 5 – 3 是梅山苑二期土壤氡浓度统计分布。由图 5 – 3 可知，梅山苑土壤氡浓度主要分布在 10kBq/m^3 ~ 50kBq/m^3。本次 137 个测量点数据的平均值为 32.3kBq/m^3，需采取土壤氡防治措施。

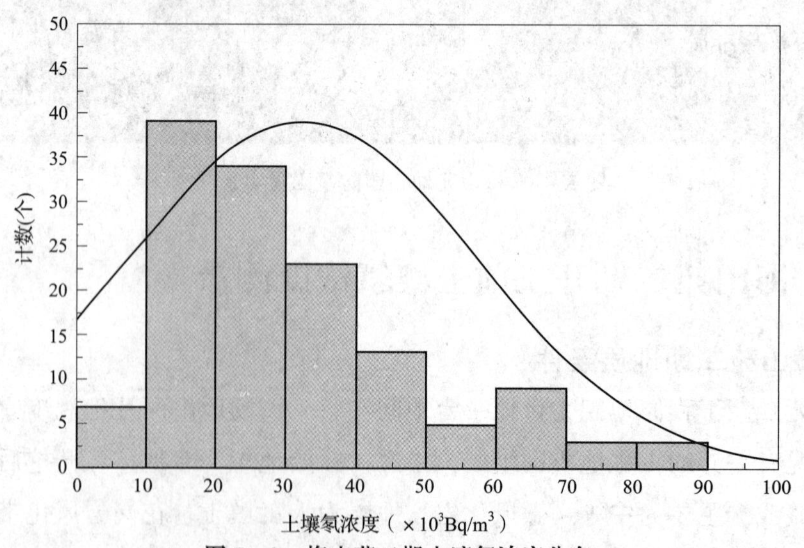

图 5 – 3　梅山苑二期土壤氡浓度分布

四、梅山苑二期幼儿园防氡示范工程设计与施工

1. 梅山苑二期幼儿园工程设计及说明

由于梅山苑二期幼儿园建在土壤氡浓度为 $10kBq/m^3 \sim 50kBq/m^3$ 的区域，我们将其选作防治土壤氡的示范工程，主要采用的是“土壤减压法”。具体做法是：在建筑物一层楼板下面设置了一个架空层，并利用机械或自然通风将土壤中释放出来的氡气排放掉，避免其进入室内，如图 5－4 所示。

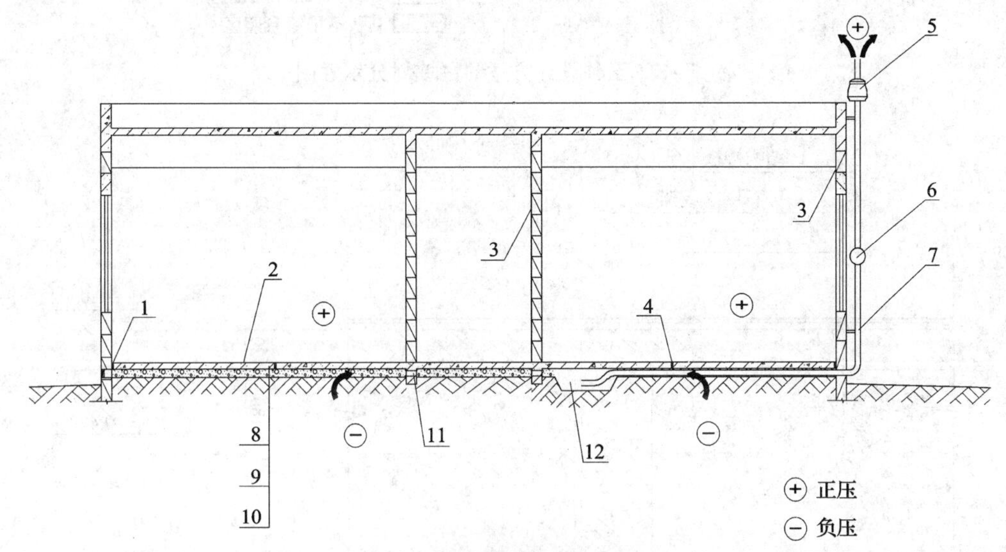

图 5－4　土壤氡降压法示意图

1—聚氨酯嵌缝；2—复合地面防氡材料；3—防氡涂料；4—聚氨酯嵌缝膏；
5—排风机；6—压力监控器；7—ϕ100PVC 氡排放管；8—结构楼板；
9—骨料层；10—素土夯实；11—穿梁排气管；12—集气坑

目前我们在国内进行土壤氡防治的实际工程很少，而对国外的土壤氡防治技术仅限于资料的了解，这就导致了在建筑物土壤氡防治方面经验的稀缺。为了收集不同构造措施及设计方案的数据，以便为将来的设计研究提供数据资料。在本设计中我们将房屋基础分为三种不同形式，并对三个区域设计为不同的工程基础条件：1 区为普通架空层，2 区在架空层内铺设了碎石层，3 区未设架空层为普通回填土作为不排氡参照区，如图 5－5 所示。

具体工程措施（图 5－6）：

1）在地垄墙上预留洞口以保证架空层的空气流通，在预留洞口时应考虑到空气流动的走向问题，尽量避免短路，以保证架空层的空气流通。

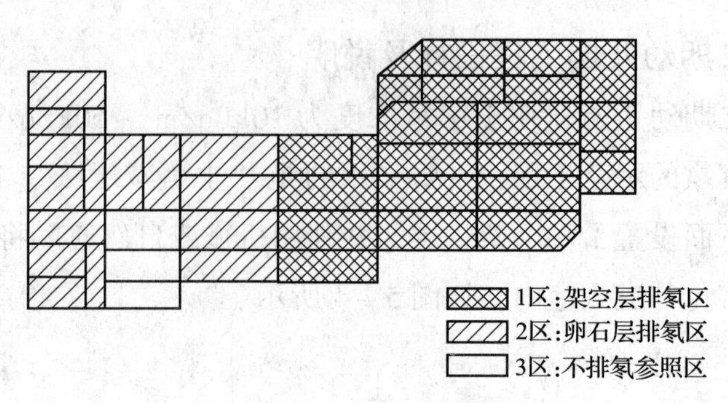

图5-5　三种设计方案的区域划分示意图

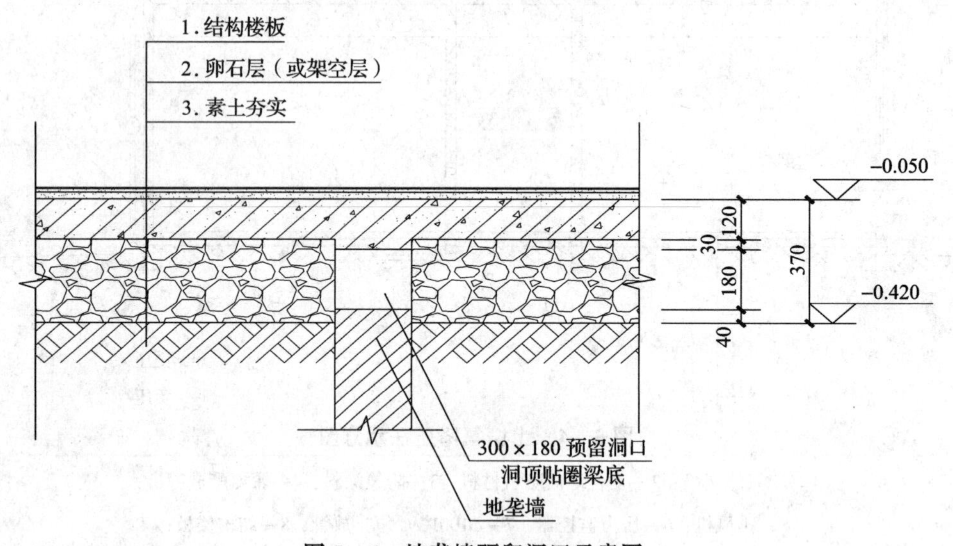

图5-6　地垄墙预留洞口示意图

2）在1区、2区建筑外围分别设置排氡竖管并通至屋面，在排氡管末端安装排风机。采用风机排风使架空层内空气处于负压状态，可以有效地阻止土壤氡进入建筑物内。在建筑外缘设置进风口补充空气，并在风口处设置可控制风量的百叶，通过对进风口及风机的控制，调整架空层的空气流量及气压，有效地阻止土壤氡进入室内并将其排至屋面以上，排气口周边7.5m范围内不设置进风口，水平排气管保证1%的找坡，如图5-7、图5-8所示。

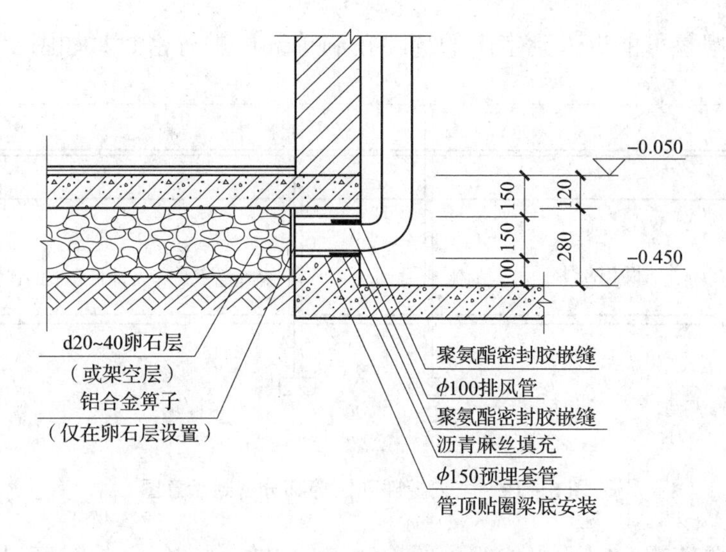

图5－7　排氡竖管道安装示意图

图5－8　排氡竖管道现场安装图

3）另外，通风口设计成可开启方式，便于建成后对比自然通风和机械通风情况下的防氡效果，如图5－9所示。

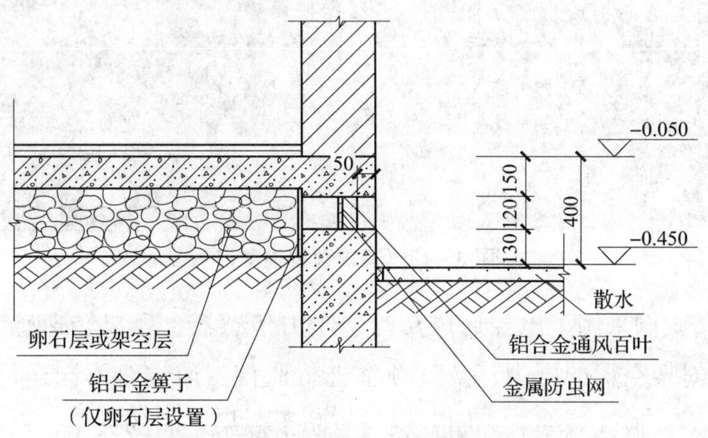

图5－9　通风口设计图示

4）将土壤氡可能进入到室内的缝隙孔洞等部位进行密封，如图 5－10 所示。

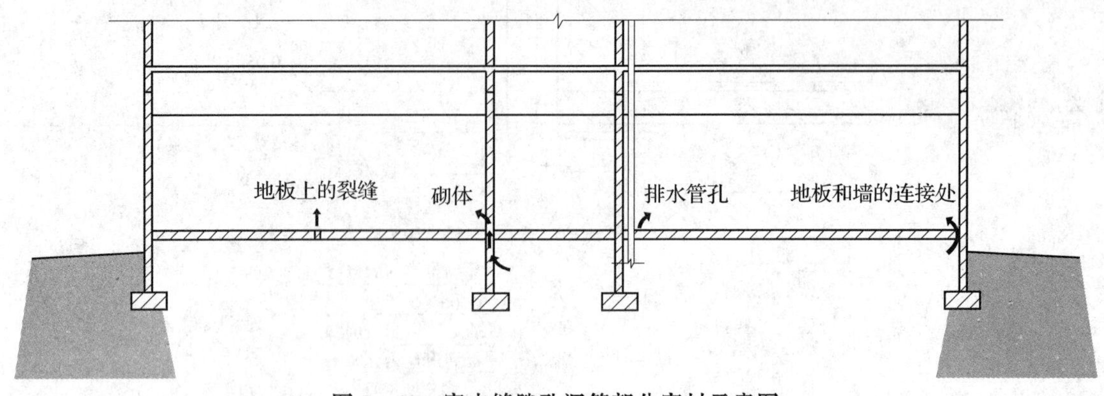

图 5－10　室内缝隙孔洞等部分密封示意图

5）在主要使用房间适当位置预留检测口，以便测试氡气的浓度以及空气压力，每次测试后用塞子和密封材料将检修口封好，如图 5－11、图 5－12 所示。

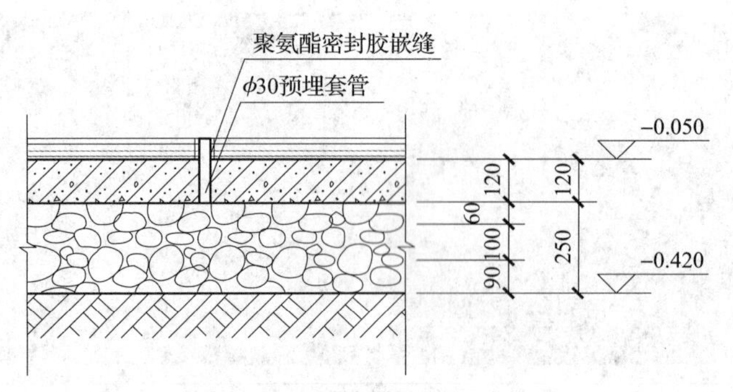

图 5－11　预留检测口示意图

图 5－12　室内预留检测口

6）另外，我们采用了电控通风百叶、压力传感器、风机转速感应控制器等装置，以便我们对架空层的压力、换气频率进行监控，通过对不同运行参数的测试，找出架空层压力、换气频率有无卵石层与氡防治效果之间的关系，从而为以后更深入的土壤氡防治研究打下基础。

7）土壤氡防治效果的监控。本工程通过监控系统接收检测洞口中压力传感器传回的数据，若架空层中的负压不能满足系统需求时，系统会发出警报来提示工作人员对系统的运行进行检查。

除此之外，监控系统还与电控进风百叶相联系，这样可以通过控制百叶的开启角度，从而控制进风量，并且可以通过风机上的转速感应控制器传回的数据测出并控制整个系统的排风量，从而对架空层的气压进行控制。

2. 梅山苑二期幼儿园施工过程及说明

在防氡工程的施工过程中，我们对现场进行了指导和监控，并对整个过程进行了记录，施工关键节点简述如下：

在地垄墙施工的时候根据设计图纸的要求，在相应的位置留出了不同区域之间的通风洞，保证底板下气流通畅。之后分区回填，1、2 区回填到板下 250mm 处夯实，3 区回填至板下夯实，如图 5－13、图 5－14 所示。

图 5－13　不同区域之间的通风洞

图 5－14　1 区～3 区回填情况

3 区设置排水明沟，1 区设置排水明沟后支设模板。2 区回填粒径 25mm 左右的碎石，并在碎石下方铺设土工布可阻止泥土与骨料混合，铺设碎石过程中不要加入任何杂质，铺设完成后要用水冲碎石层，保证碎石层的空隙没有泥沙填充，如图 5－15 所示。

图 5－15　2 区回填粒径 25mm 左右的碎石及排水沟

在 2 区设置排水盲沟，碎石层盲沟中埋设软式透水管，透水管与排气坑相通，平时可以利用它收集并排除氡气。深圳地区夏季台风雨水较多，如遇暴雨季节，万一场地雨水倒灌，可以通过盲沟将水排至附近的集水井，顺利将水排出，如图 5－16 所示。

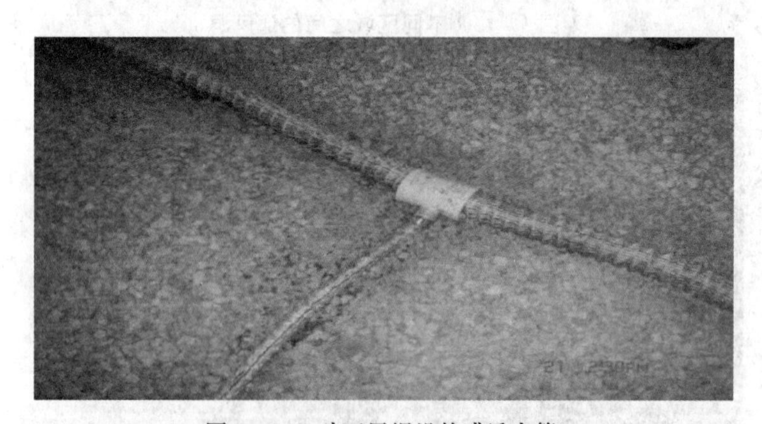

图 5－16　碎石层埋设软式透水管

捣制混凝土楼板之前在碎石上层铺设一层薄膜，这样可阻止混凝土进入碎石层，保证碎石层的通透性，其他两个区域一同浇捣混凝土，如图 5－17 所示。

图 5－17　碎石上层铺设薄膜，并在其上层浇捣混凝土

在适当位置设置 1200mm × 1200mm × 200mm 的集气坑，安装直径为 120mm 的 PVC 的排氡管，从集气坑引至室外并延伸到屋面以上，如图 5－18 所示。

图 5－18　从集气坑引出的 PVC 排氡管

在首层还采取了一些防止土壤氡进入室内的封堵措施：

通过合理使用添加剂提高混凝土稳定性及强度，减少混凝土内裂缝发生；混凝土浇筑初凝后在其表面铺设防水膜，并及时浇水养护，确保混凝土的质量。

在墙地交界处、管孔与地面交界处进行封堵，堵缝材料主要采用聚氨酯，它和混凝土具有较强的附着力，同时具备良好的弹性和耐性。

密封时要确保黏结表面干净、干燥、没有砂砾。密封剂的施工要按照制造商推荐的方法进行，当遇到较宽缝隙或孔洞的时候，可先使用弹性腻子或聚合物水泥砂浆进行修补。

3. 梅山苑二期幼儿园建筑材料放射性指标控制

梅山苑二期幼儿园建筑材料主要有石子、水泥、粉煤灰、中砂及加气砖等，按照现行国家标准《建筑材料放射性核素限量》GB 6566 的要求进行检测，其内照射指数和外照射指数如表 5－3：

表 5－3　梅山苑二期幼儿园建筑材料内外照射指数

样　　品	内照射指数	外照射指数
石子	0.1	0.2
水泥	0.1	0.2
粉煤灰	0.3	0.4
中砂	0.1	0.2
加气砖	0.6	0.8

从表 5－3 中数据可以看出，工程使用的主要建筑材料均符合现行国家标准《城市建设档案著录规范》GB/T 50323—2010 对建筑主体材料放射性指标的要求。

4. 完工后，梅山苑二期幼儿园室内氡浓度检测及地坪下土壤氡检测

为了解梅山苑二期幼儿园进行防氡设计及施工后的效果，选取了架空层上方的房间（房间 A）、碎石层上方的房间（房间 B）和直接接触土壤的房间（房间 C）作为室内氡浓度检测对象。

测量条件：①排氡风机不运行，对房间 A、B、C 室内氡及下方架空层、碎石层、土壤内的氡浓度进行测量；②排氡风机运行 1h 和 24h 情况下，分别对房间 A、B、C 下方架空层、碎石层、土壤内的氡浓度进行测量。测量结果如表 5－4：

表 5－4　幼儿园土壤氡及室内氡浓度检测结果（Bg/m³）

测量点位置	氡浓度（风机不运行）	氡浓度（风机运行 1h）	氡浓度（风机运行 24h）
房间 A	33.3	—	—
房间 B	75.3	—	—
房间 C	92.7	—	—
地坪下架空层	16900	13250	6060
地坪下碎石层	35300	14900	4150
地坪下土壤均值	32300	—	—

由表 5－4 可知：

1）室内氡浓度：架空层上方的房间内氡浓度最低，碎石层上方的房间氡浓度次之，直接接触土壤的房间室内氡浓度最高。这说明在房间下设计架空层对于减少土壤氡对室内氡浓度的影响最有效，碎石层效果次之。

2）地坪下架空层内的氡浓度：为了进一步降低架空层及碎石层内的氡浓度，减少其对室内氡浓度的影响。在架空层和碎石层排氡管的末端安装了排氡风机，排氡风机都是全导管金属圆形风机 DA－1925，额定电压为220V，输入功率为78W，最大静压为330Pa，风量为250m^3/h。由于现场条件限制，只测定了风机运行1h和24h情况下，架空层和碎石层内氡浓度的变化。风机运行1h、24h后，架空层内的氡浓度由16900Bq/m^3分别下降至13250Bq/m^3、6060Bq/m^3，分别下降了21.6%、64.1%。

3）地坪下碎石层内的氡浓度（与架空层相同，碎石层内排氡管的末端安装了同样的排氡风机，风机运行1h和24h情况下）：碎石层内的氡浓度由35300Bq/m^3分别下降至14900Bq/m^3、4150Bq/m^3，分别下降了57.8%、88.2%。由此可以看出，相同型号风机运行同样时间情况下，碎石层内的氡浓度较低，风机排氡的效果较好。这主要是因为架空层内空气体积较大，而碎石层空气体积较小，相同风机运行时排出空气的体积是一样的，所以碎石层内氡浓度下降较为明显。故在使用排风机减少土壤氡对室内氡浓度的影响时，使用碎石层加排氡风机的设计对于减少土壤氡对室内氡影响更为有效。

5. 梅山苑二期幼儿园防氡示范工程成本核算

按照2010年深圳市执行的相关计价文件及规定对幼儿园土壤氡防治的建筑安装成本部分进行了核算，总计为86259.29元，如表5－5。其中土建专业为72258.83元，主要用于碎石、土工布、塑料膜、砌筑排水沟、埋设透水管、支设架空层模板等项目；电气专业为5790元，主要用于配电箱、控制箱、配管配线等项目；通风专业为8500元，主要用于风机、排风管道、风口百叶、支架安装等项目。幼儿园总的建筑安装成本为3722800元，也就是说，幼儿园土壤氡防治建安成本仅占总建安成本的比例为2.3%。

如果将架空层和碎石层分开核算，那么，架空层面积为323.49m^2，成本为24690元，平均造价76.33元/m^2；碎石层面积为192.49m^2，成本为61860元，平均造价321.38元/m^2。

表5－5　幼儿园土壤氡防治建安成本计算

序　　号	项　　目	计　　价（元）
1	土建	72260
2	电气	5790
3	通风	8500
4	合计	86260

6. 梅山苑二期幼儿园工程防氡降氡评价

为减少土壤氡对室内氡的影响，可以通过在房间下方设计架空层或碎石层来减少室内氡浓度。在采用被动式防土壤氡的方法时（不采用排氡风机），宜采用在房间下方设计架空层的设计方法；在采用主动式防土壤氡的方法时（采用排氡风机），宜采用在房间下方设计碎石层加排氡风机的设计方法。采用主动式防土壤氡的设计对于减少土壤氡对室内氡浓度的影响效果最好，而采用被动式防土壤氡的设计成本较低，维护成本低，防氡效果也较显著，可以说，两种方式各有千秋。

五、梅山苑二期 4# 楼、5# 楼防氡工程实践

1. 梅山苑二期 4#楼、5#楼地下室采用防氡涂料防氡措施简介

地下室的结构不同于地面上的建筑，地下室底面和侧面直接接触土壤或岩石，土壤和岩石将会成为主要的氡气来源。此时，如果通风情况不佳，氡气可累积到非常高的浓度。因此，针对地下室的结构特性，在梅山苑二期地下室防氡设计中主要采用涂刷防氡涂料措施，具体操作是：在梅山苑二期 4#、5#楼地下室分别采用国产防氡涂料Ⅰ和国外防氡涂料Ⅱ。

（1）4#楼地下室涂刷国产防氡涂料Ⅰ

1）4#楼地下室涂刷国产防氡涂料Ⅰ。

国产防氡涂料Ⅰ包括“防氡宝”涂料和 FD5 涂料。具体应用是：先对梅山苑防氡示范工程 4#楼地下室房间内的墙面及天花板上批刮厚 20mm 的腻子，然后在墙面、天花板先均匀涂刷上一层防氡宝，并且在地面上均匀地涂刷两层 FD5 涂料，待 FD5 涂料干后，在地面上再涂刷一层防氡宝，在墙面和地面连接处以及阴阳角处均按上述方法涂刷国产防氡涂料Ⅰ。

2）4#楼地下室涂刷国产防氡涂料Ⅰ前后的室内氡浓度。

4#楼地下室未涂刷国产防氡涂料Ⅰ产品前门关闭 24h 情况下，室内氡浓度为 $191Bq/m^3 \pm 16.4Bq/m^3$。室内温度为 20.3℃，湿度 92%。RAD7 型测氡仪仪器测量模式 AUTO，测量周期 1h，测量周期数 10。

4#地下室涂刷国产防氡涂料Ⅰ后门关闭 24h 情况下，室内氡浓度为 $55.7Bq/m^3 \pm 9.3Bq/m^3$（表 5－6）。室内温度为 15.2℃，湿度 65%。RAD7 型测氡仪仪器测量模式 AUTO，测量周期 1h，测量周期数 10。

表5-6　梅山苑防氡示范工程4#楼地下室涂刷国产防氡涂料Ⅰ前后室内氡浓度

涂刷前室内氡浓度（Bq/m^3）	涂刷后室内氡浓度（Bq/m^3）	防氡效率（%）
191	55.7	70.8

通过涂刷国外防氡涂料Ⅰ可以较为明显地减少地下室墙面地面氡的析出，降低室内氡浓度，其防氡效率为70.8%。

（2）5#楼地下室涂刷国外防氡涂料Ⅱ

1）5#楼地下室涂刷国外防氡涂料Ⅱ（德国产）。

基面处理：对梅山苑防氡示范工程房间内的墙面与地面进行打磨处理，使得基底必须坚固、清洁、无油渍、无污物、无松动、不含石膏、干净且有承载力。在进行涂刷国外防氡涂料Ⅱ之前润湿基面。

配料比例：国外防氡涂料Ⅱ的配比如下：粉料/液料=25/8。其包装规格：粉料25kg（A组分），液料8kg（B组分）。

施工工艺：国外防氡涂料Ⅱ调配时要将粉料逐渐地加入到液料中，两种组分要用低速搅拌机搅拌，国外防氡涂料Ⅱ刮涂施工（批灰），共三遍，总厚度7mm。在墙面和地面连接处以及阴阳角处，要在第一遍涂刷好的涂层上铺覆固斯特韧性密封带作为附加层，然后在其上再涂刷国外防氡涂料Ⅱ。

使用量：涂层厚度为1mm，使用量为$1.7kg/m^2$；涂层厚度为7mm时，使用量为$11.9kg/m^2$。

2）5#楼地下室涂刷国外防氡涂料Ⅱ前后的室内氡浓度。

5#楼地下室未涂刷国外防氡涂料Ⅱ前门关闭24h情况下，室内氡浓度为$424Bq/m^3 \pm 19.8Bq/m^3$。室内温度为24.8℃，湿度73%。仪器测量模式AUTO，测量周期1h，测量周期数10。

5#楼地下室涂刷国外防氡涂料Ⅱ后门窗关闭24h情况下，室内氡浓度为$34.9Bq/m^3 \pm 8.8Bq/m^3$（表5-7）。室内温度为20℃，湿度53%。RAD7型测氡仪仪器测量模式AUTO，测量周期1h，测量周期数10。

表5-7　梅山苑防氡示范工程5#楼地下室涂刷国外防氡涂料Ⅱ前后室内氡浓度

涂刷前室内氡浓度（Bg/m^3）	涂刷后室内氡浓度（Bg/m^3）	防氡效率（%）
424	34.9	91.7

通过涂刷国外防氡涂料Ⅱ可以较为明显地减少地下室墙面地面氡的析出，降低室内氡浓度，其防氡效率为91.7%。

2. 梅山苑二期5#楼房间通风降氡措施简介

在降低室内氡浓度的方法中，运用新风换气减少室内氡污染是最为直接有效的手段。为检验新风换气降氡效果，在5#楼二层一房间内安装“××绿建”牌无管道智能新风系统。

在梅山苑二期工程实验房间装修完成，墙面涂刷了墙漆，地面铺上地板砖并且安装好新风换气机后，根据《民用建筑工程室内污染控制规范》GB 50325—2010中的室内氡浓度测量方法，将实验房间密封24h后用RAD7连续测量室内的氡浓度变化。RAD7的测量周期为1h、测量模式为AUTO、泵的运行模式AUTO。室内温度13.0℃，相对湿度为46%，测得室内初始氡浓度的平均值为：$C_1 = 154.7\text{Bq/m}^3 \pm 10.2\text{Bq/m}^3$。

在完成二层房间的初始氡浓度测量后，开启实验房内的新风换气机，换气率为1次/h，并同时使用RAD7连续测量室内的氡浓度变化至室内氡浓度达到平衡。RAD7的测量周期为1h、测量模式为AUTO、泵的运行模式AUTO。室内温度为11.1℃，相对湿度为56%。测量结果如图5－19所示。

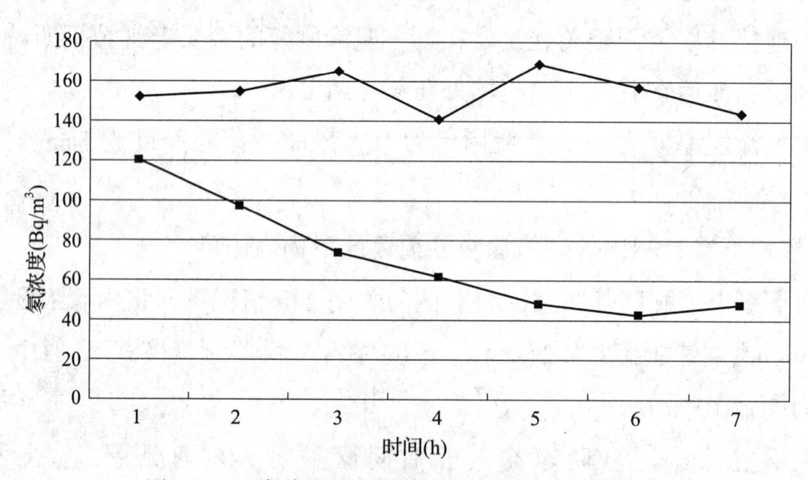

图5－19　实验房间通风前后室内氡浓度测量曲线

—◆—未通风时室内氡浓度　—■—通风时室内氡浓度

根据检测结果表明，开启无管道智能新风系统后能使室内氡浓度明显下降，经过6h后降至40Bq/m³左右，此时其降氡效率为69.2%。结论：使用无管道智能新风系统可以有效地降低室内氡浓度。

第三节　北京氡浓度超标住宅氡来源分析与治理实践

一、项目概况

小汤山小院位于顺沙公路九华山庄的东北侧，距九华山庄仅500m，图5－20和图5－21是小院的地理位置和地面卫星图俯视图像。小院有3栋独立结构的单层建筑物，南北朝向，均为砖混结构，面积约1200m²。2011年请商业检测公司进行室内空气检测时发现氡浓度超标。

图5－20　小院的地理位置

图5－21　地面卫星图俯视图像

二、氡来源分析

1. 地质特点

小院位于小汤山地热田中心地带。据北京市地质工程勘察院提供的《北京市小汤山地热田地下热水资源评价报告》显示，小汤山地区地热资源极为丰富，若按深度2000m、水温大于40°C圈定，热田面积达86.5km²。

小汤山地热田在构造上处于北西向的南口—孙河断裂与北东向的黄庄—高丽营断裂交汇以北的三角地带。这两条断裂构造形成了小汤山地热田西南和东南边界，其西南与沙河地热田相邻，东南与后沙峪地热田相邻。除此之外，地热田内还发育有多条小规模的断裂，这些断裂均形成于燕山期，具有时代新、活动性较强的特点。小汤山的地热温泉由中、上元古界和早古生界碳酸盐岩地层中发育而来，众多断裂构造控制了热田内地层的分布、埋藏厚度及地热水的分布，形成一个相对独立的岩溶裂隙介质沉积盆地传导型地热系统。

2. 数据分析

(1) 室内外γ照射量率

对该建筑室内外γ照射量率和建筑材料放射性核素含量进行了测量，结果见表5－8和表5－9。室内外γ照射量率相差不大，建材核素分析也在正常本底范围，可排除建材的影响。

表5－8　室内外γ照射量率

地点	室内（nGy/h）			室外（nGy/h）			室内/室外
	N	R	X	N	R	X	
小汤山	30	81.6～122	96.8	5	81.6～109	95.2	1.02
周边小区	88	90～188	124	10	57.0～130	88.9	1.39
全国	8805	11.0～419	99.1	8805	3.0～399	62.8	1.58

注：N为样品数；R为范围；X为均值。

表5－9　建筑材料放射性核素检测结果

地点	类型	样品量	放射性核素含量（Bq/kg）		
			^{226}Ra	^{232}Th	^{40}K
小汤山	红砖	2	45.2	38.8	656
	水泥	1	42.2	33.1	236
北京	红砖	6	36	48	750
	水泥	28	41	31.0	189

(2) 地热水中^{222}Rn与放射性核素含量

该建筑物采用地暖供暖，地暖管道在地板下，热源为地热水。为节约能源地热水在密封的管道中循环使用。采集地热管道水样测量氡含量，为便于比较，同时采集自来水。由表5－10可见地热水氡浓度低于自来水，分别为2.0Bq/L和6.0Bq/L，亦可排除地热水氡的影响。另外，该地区地热水中放射性核素含量见表5－10。

表5－10　水中氡与放射性核素含量

地点	氡浓度（Bq/L）		核素含量（mBq/L）		
	自来水	地热水	^{238}U	^{226}Ra	^{232}Th
小汤山	6.0	2.0	5.3	89.1	0.86
全国	9.5	36.6	—	—	—

(3) 土壤氡浓度及其对室内的影响

采用累积探测器对小院土壤（600mm）中的氡浓度和4栋建筑物中的氡浓度进行了测量，土壤测量点分布见图5－22。

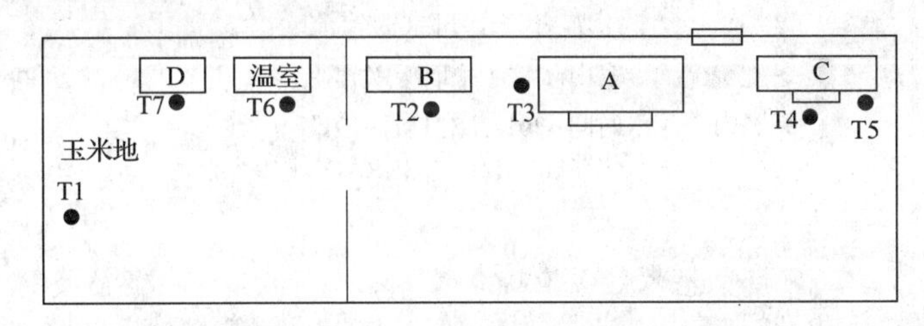

图5－22　土壤氡测量点示意图

表5－11是土壤氡浓度和邻近建筑物室内氡浓度的测量结果。北京土壤氡平均水平约为7600Bq/m³，小汤山小院土壤氡浓度均值为12890Bq/m³，明显高于北京市平均水平，一些点甚至超过20000Bq/m³，高出平均值近2倍。4栋建筑物在冬季关闭门窗情况下，室内氡浓度明显处于较高水平，测量的13个房间，有12个房间超过我国《室内空气质量标准》GB/T 18883规定的200Bq/m³的限值。

表5－11　土壤和室内氡浓度

测点编号	位置	土壤（Bq/m³）			室内（Bq/m³）		
		N	*R*	*X*	*N*	*R*	*X*
T1	小院西侧玉米地	4	23201～28485	25178	—	—	—
T2	B栋周围	3	7118～11081	8638	3	432～541	488
T3	A栋东侧	6	5115～17870	8795	4	210～905	460
T4	A、C栋之间	4	6103～23891	11165	—	—	—

续表 5-11

测点编号	位置	土壤（Bq/m³）			室内（Bq/m³）		
		N	*R*	*X*	*N*	*R*	*X*
T5	C 栋前东侧	2	4977 ~ 5294	5135	3	419 ~ 495	450
T6	D 栋边温室前	3	20002 ~ 22621	21831	—	—	—
T7	D 栋门口	2	4366 ~ 5178	4772	3	85.4 ~ 554	307
小院均值		24	4366 ~ 28485	12890	—	—	—
北京市		15	—	7600	—	—	—

注：*N* 为样品数；*R* 为范围；*X* 为均值。

另外发现室内氡浓度与邻近土壤氡浓度有正相关性，两者数据的相关因子 $R^2=0.5223$。采用连续测量装置，对 T5 点土壤氡浓度及邻近房间（建筑物 C）室内氡浓度进行了同步测量，两者也存在一定正的正相关性 $R^2=0.2456$（见图 5-23、图 5-24）。

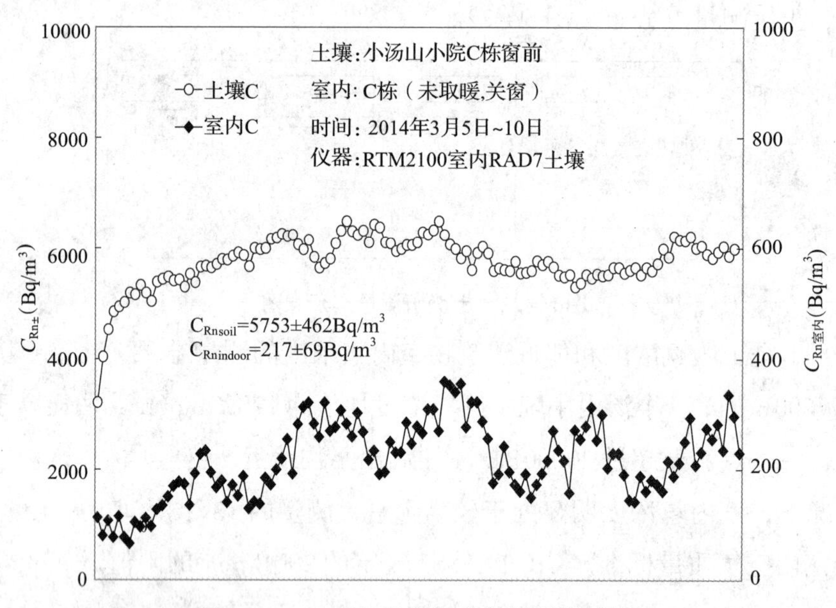

图 5-23　土壤与室内氡浓度连续测量结果

图 5-25 是采用 EQF3120 对 2 间卧室中氡气、结合态氡子体和结合态氡子体的连续观测结果。与普通超标房屋不同的是，氡、结合态氡子体和未结合态氡子体浓度夜间有异常高峰出现，波动幅度约是正常峰值的 2 倍 ~6 倍。氡浓度变化幅度大，有异常陡峰出现，可能是地热田地区受土壤氡影响的室内氡浓度变化的特点，同时也验证土壤氡是室内氡的重要来源。

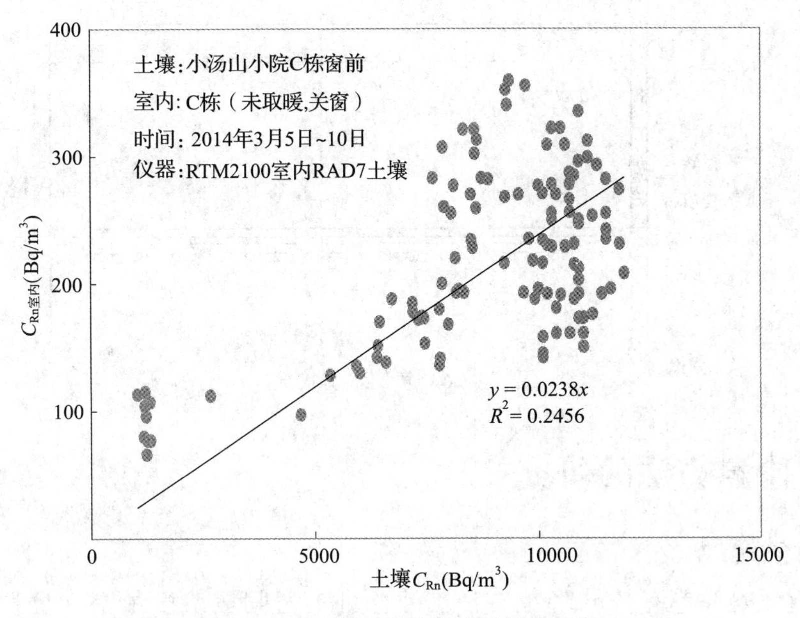

图5－24　土壤与室内氡浓度的相关性

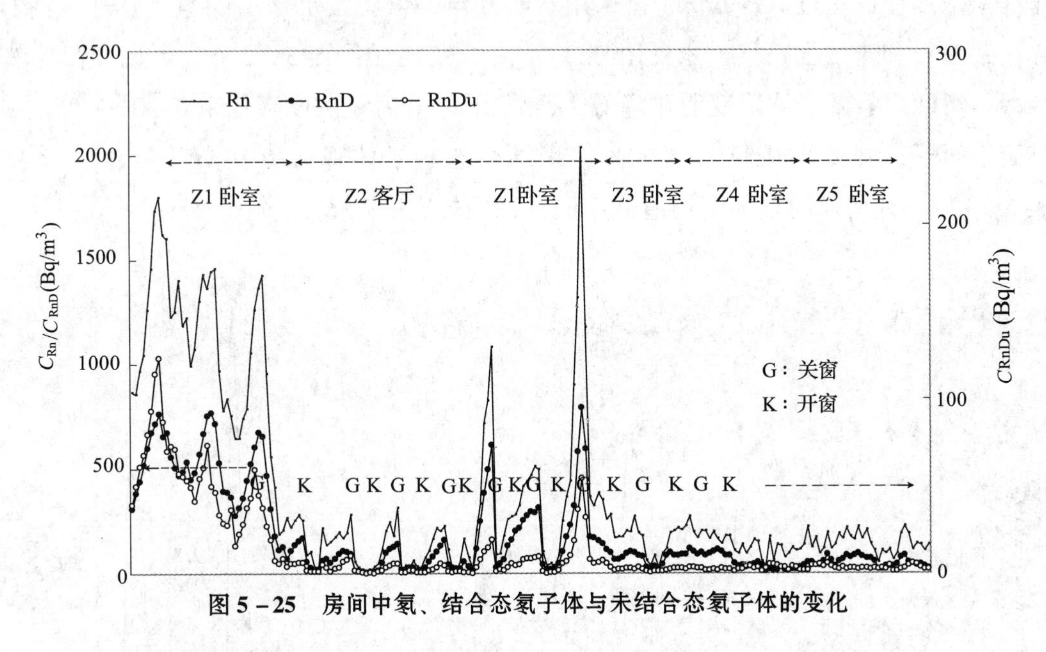

图5－25　房间中氡、结合态氡子体与未结合态氡子体的变化

3. 房屋的地基状况

小院的建筑物为独立结构平房，没有地下室，房间地板直接与土壤地基相接（见图5－26）。地板分为3层，底层是100mm厚水泥，中间设有地热管道，水泥上面铺一层瓷砖或木地板。因地面未做防水密封处理，采用RAD7嗅探模式，可在地板、管道连接处及电源插头处测量到明显的氡气泄露点。根据以上测量结果可以确定，小院建筑物中的氡气主要来自于地基土壤。

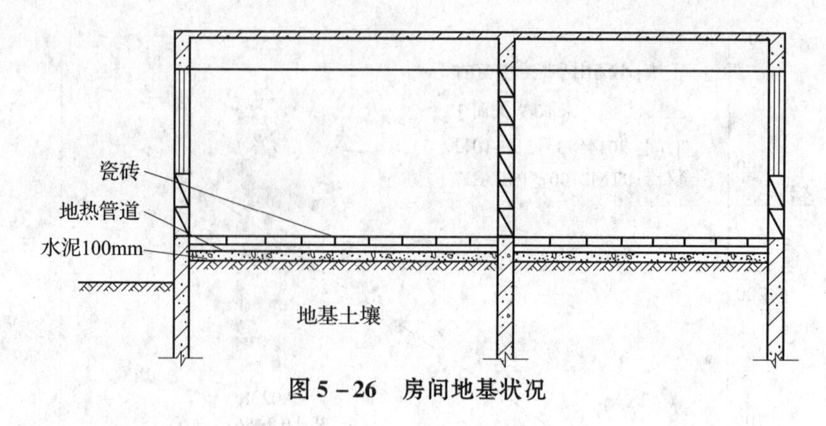

图 5－26 房间地基状况

三、降氡方法的研究

1. 自然通风

自然通风是简单有效的降氡方法。A 栋卧 1 房间氡浓度最高，夏秋季关窗状态，氡浓度往往超过 1000Bq/m³。采用定时开窗关窗观察了该房间氡（Rn）、氡子体（RnD）和未结合态氡子体（RnDu）浓度的变化（见图 5－27）。可见开窗自然通风，房间中氡及子体浓度明显降低，通风 2h～4h 后氡浓度降低率在 30%～90%，结合态氡子体降低率在 60%～90%，未结合态氡子体降低率在 70%～90%（见表 5－12），开窗期间氡浓度均值低于国家标准规定的限值。

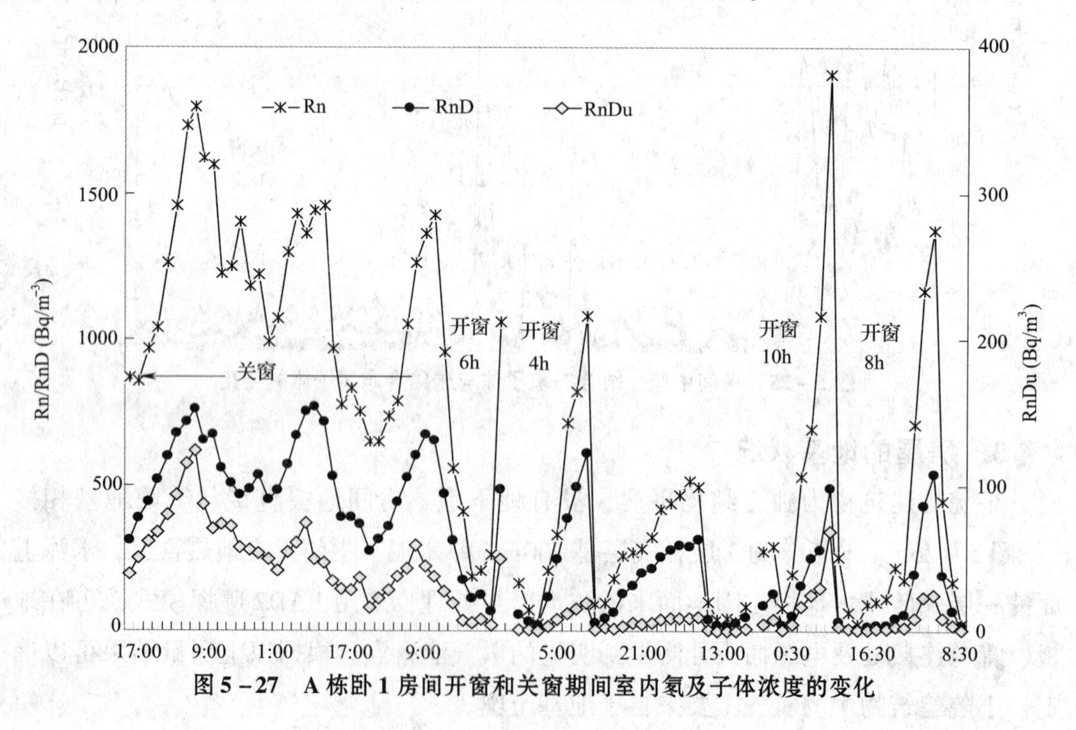

图 5－27 A 栋卧 1 房间开窗和关窗期间室内氡及子体浓度的变化

开窗通风是降低室内氡浓度最简单易行方法，其效果很好，而且不需要增加装置，也不需要额外花费。建议在春、夏、秋季，白天可采用自然通风的方式，尽量把室内氡浓度降低到国家标准限值以下。

表5－12　卧1自然通风氡及子体浓度与降低率

实验编号	测量时间	通风时间（h）	浓度（Bq/m^3）			降低率（%）		
			Rn	RnD	RnDu	Rn	RnD	RnDu
1	17:00	2	163	57	1	27	64	86
	19:00	4	73	32	1	67	80	83
	21:00	6	23	21	0	90	87	95
2	9:00	2	90	29	1	73	88	88
	11:00	4	96	45	2	71	82	72
3	9:00	2	101	41	1	80	87	90
	11:00	4	39	19	0	92	94	98
	13:00	6	45	18	0	91	94	96
	15:00	8	34	27	0	93	91	96
	17:00	10	84	49	2	83	84	85
4	8:30	2	62	9	1	87	93	95
	10:30	4	23	9	1	97	98	98
	12:30	6	90	15	1	99	98	99
	14:30	8	101	19	2	95	97	98
平均			73.1	27.9	0.9	81.8	88.4	91.4

2. 净化除氡

净化除氡是通过净化器的过滤、吸附等功能去除悬浮在空气中的短寿命氡子体。吸入氡子体对肺部的剂量“贡献”远远大于氡气，降低氡子体的目的是降低年有效剂量，使之低于国际放射防护委员会ICRP提出的3mSv～10mSv剂量限值。对于不适宜自然通风的房间，可采用净化除氡。

本次采用的净化器为上海苍穹环保技术有限公司生产，有3个风量（强风＝$600m^3/h$；弱风＝$550m^3/h$；睡眠风＝$480m^3/h$）（见图5－28）。测试房间为套间，B2为外间，面积$17.5m^2$；B1为里间，面积$15.5m^2$（见图5－29）。测试期间关闭门窗，尽量使房间空气保持在稳定状态。

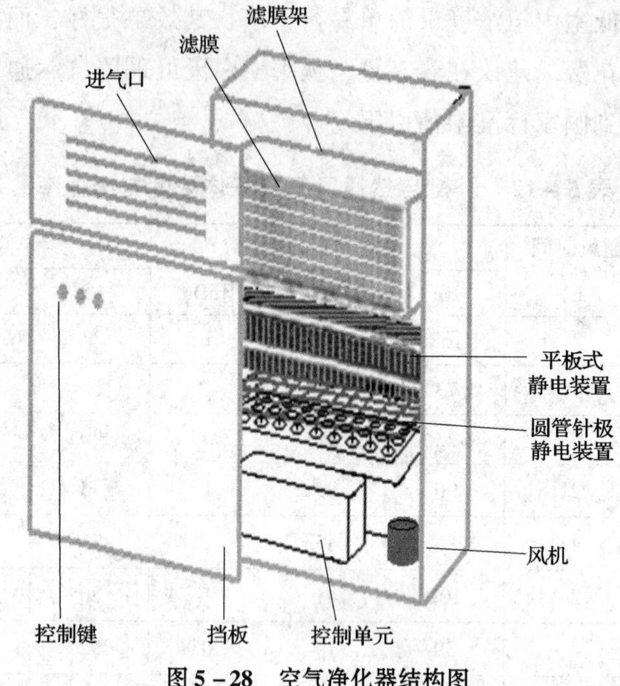

图 5-28　空气净化器结构图

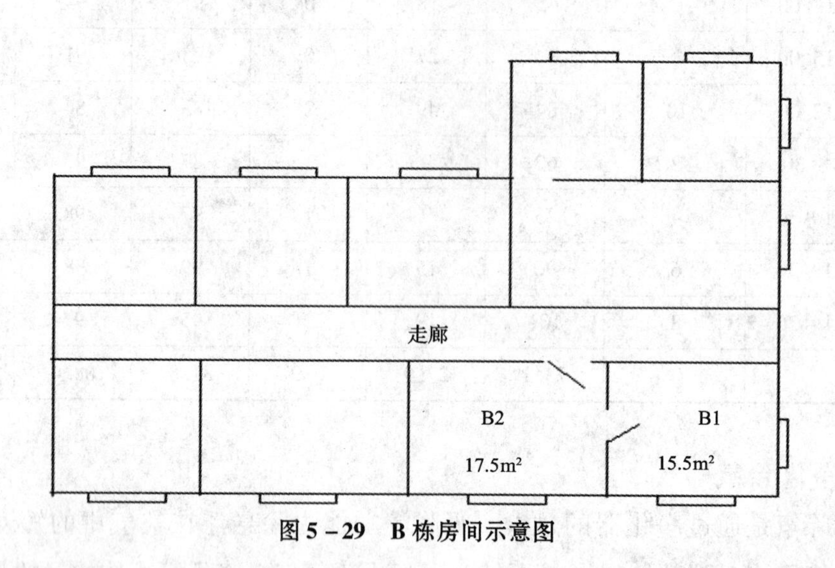

图 5-29　B 栋房间示意图

图 5-30 是使用净化器前后房间中氡（Rn）、结合态氡子体（RnD）和未结合态氡子体（RnDu）的变化。根据 UNSCEAR2000 年报告提供的剂量转换因子，按年停留时间 7000 小时估算了开机前后 Rn、RnD 和 RnDu 的浓度变化及由此产生的年有效剂量（$E_{总} = E_{RnD} + E_{RnDu}$）。净化器运行期间，房间中 Rn、RnD 和 RnDu 的去除率分别为 8% ~50%、92% ~96% 和 40% ~50%（见表 5-13）。

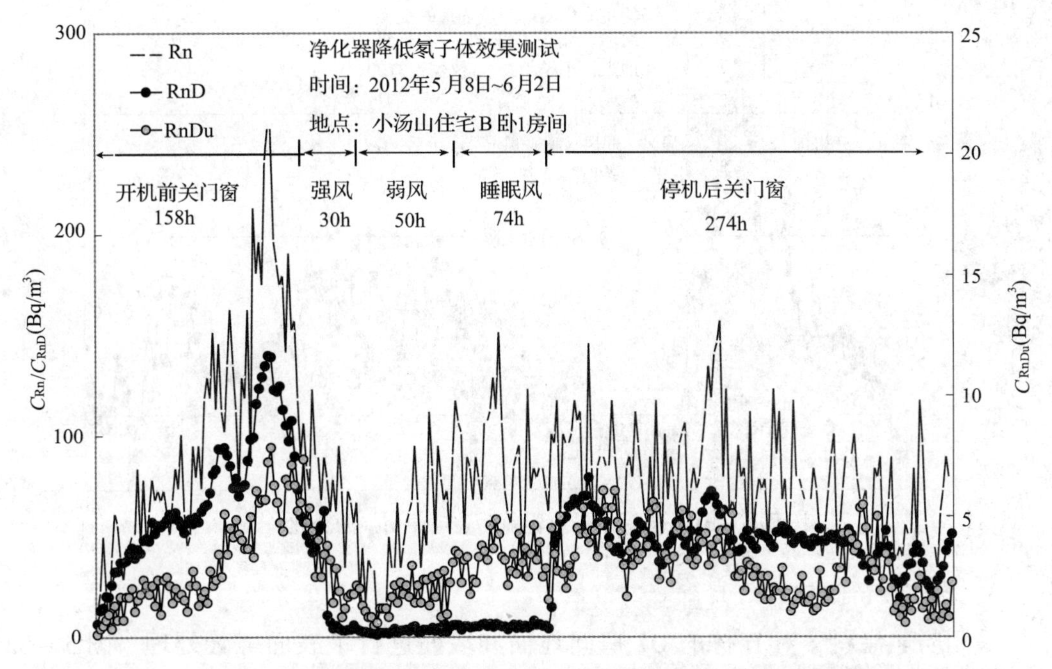

图 5-30　结合态氡子体和未结合态氡子体浓度的连续测量结果

表 5-13　净化装置对卧室 B 中 Rn、RnD、RnDu 的去除率和降低 $E_{总}$ 的效果

房间	净化器状态	风速	浓度/剂量（Bqm^{-3}/mSv）				降低率（%）			
			Rn	RnD	RnDu	$E_{总}$	Rn	RnD	RnDu	$E_{总}$
B1	开机前	—	102	67.9	3.2	7.54	—	—	—	—
	开机	强	57.8	4.5	1.9	2.21	43.3	93.4	40.6	70.7
	开机	弱	51.6	3.0	1.6	1.82	49.4	95.6	50.0	75.9
B2	开机前	—	91.9	39.7	3.2	5.75	—	—	—	—
	开机	强	83.3	3.2	1.9	2.16	8.4	91.9	40.6	62.4

图 5-31 是使用净化装置前后 B1 房间中 $E_{总}$ 和 E_{RnD} 变化和比较。采用强风和弱风年有效剂量基本低于 3mSv，睡眠风在 3mSv～5mSv，均低于 ICRP 提出的剂量上限。另外，净化装置不受风向和风力的影响，可在不适宜通风的季节作为降低氡方法的补充。

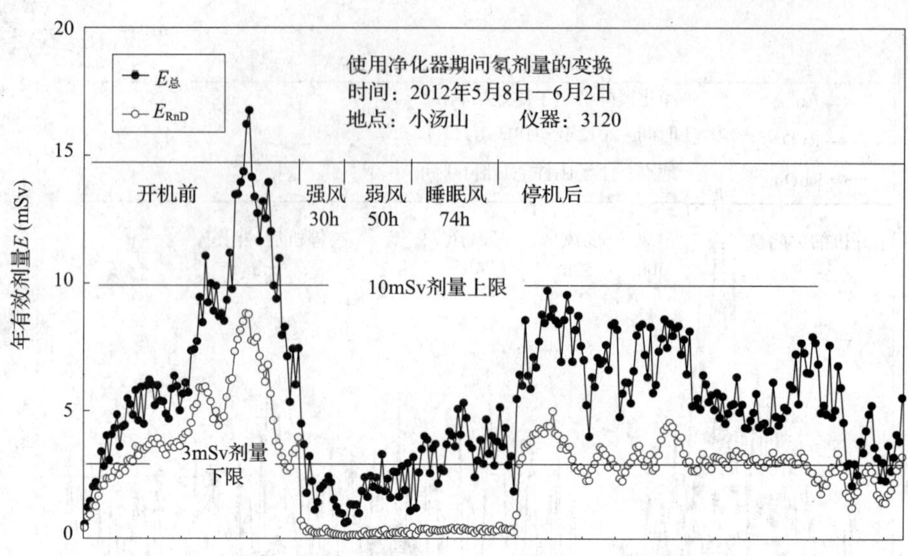

图 5-31　使用净化装置前后住宅中 $E_{总}$ 的变化

3. 表面屏蔽

采用防氡涂料，对 D 栋的 D1 房间地面和墙面进行了表面屏蔽处理。图 5-32 为 D 栋房间示意图。D1 房间面积 20.1m²。地面铺有地板砖，墙面为瓷砖，房间设有暖气管道，两侧有窗。施工前关闭 2 天，对室内氡浓度进行了连续测量，结果见表 5-14。

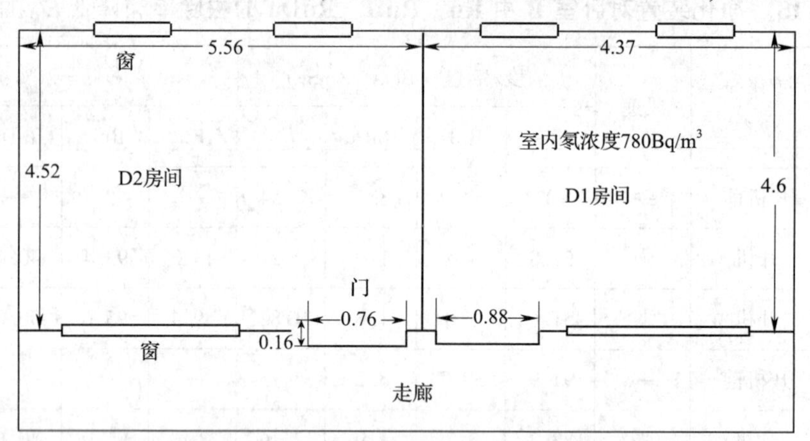

图 5-32　D 栋房间示意图（单位：m）

表 5-14　D 栋房间改造前后氡浓度比较

房间状态	测量时间	测量条件		氡浓度（Bq/m³）		
		门窗	人员出入	D1	D2	走廊
改造前	冬季：连续测量 48h	关闭门窗	限制	780	700	99.6
	冬季：ATD 11 月～次年 3 月	正常生活	不限	—	554	85.4
改造后	冬季：ATD 11 月～次年 3 月	正常生活	不限	280	—	—

防氡涂层由西南科技大学提供并指导施工，将房间地板砖的缝隙和墙边连接处涂刷一层密封底漆，再涂刷一层防氡涂料层。由于房间墙壁为小瓷砖，在房间围墙涂刷了一层 60cm 高的防氡涂层。待房间使用一年后，对 D 栋 2 个间房间和走廊进行了 3 个多月的累积测量，以观察降氡效果。结果显示 D1 房间氡浓度为280Bq/m^3,低于涂刷前水平，也比同期测量的未进行改造的 D2 房间低。但高于走廊，其原因可能是走廊的门窗与室外相连，出入开门会增加房间的通风，因而氡浓度较低。

通过改造前后及与未改造房间氡浓度比较得到的 D 房间的屏蔽效果在 49% ~ 64% 。经嗅探式查找，仍能找到一些氡气泄露点，如房间墙壁上的插座、裂隙等。(见图 5 – 33) 使用防氡层降氡最好与建筑物同步，房屋一旦建好，找到并屏蔽好所有泄露点有一定难度。

图 5 – 33　D1 房间墙壁屏蔽层与氡气泄露点

4. 土壤减压

土壤减压是在土壤地基与房间地板连接处修建一个隔层，通过降低隔层空间中的氡浓度，达到驱逐和阻隔氡进入房间的目的。小院 4 栋房屋中 A 栋建筑物氡浓度最高，房间也最多。因此住户同意对该建筑物进行土壤减压改造。具体做法如下：首先在房间地基挖出 400mm 深的空间（图 5 – 34），形成气流通道。然后对铺设的地板进行密封处理，用密封剂封堵表面和衔接处的缝隙（图 5 – 35）。另外，要在建筑物外侧开设 4 个进气窗，2 个泵室（图 5 – 36），使室外空气可以流入通道。最后，在建筑物两侧各安装 1 组高度为 1.8m 的排气管（排气口要高于呼吸带，见图 5 – 37）。

图 5－34　A 栋房间地基空间

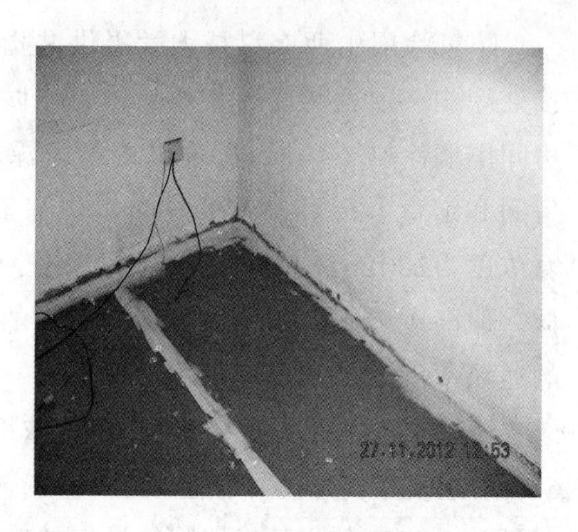

图 5－35　A 栋房间地面处理

图 5－36　房间地基处的进气窗和气泵

图 5－37　房间两侧的排气管

房间地板下的通风对土壤氡起到很好的分流作用。冬季在关窗条件下对 A、B、C 三栋房屋中的氡浓度进行了测量，A 栋在未开气泵的被动减压状态，4 个房间氡浓度均值为 144Bq/m^3 ± 30.5Bq/m^3。未进行改造的 B 栋和 C 栋的氡浓度分别为 480Bq/m^3 ±55Bq/m^3 和 450Bq/m^3 ±39.5Bq/m^3。采用土壤减压改造后的建筑物中的氡浓度明显低于未经改造的建筑物。

表 5－15　土壤减压的降氡效果

房间	改造前	改造后			
	氡浓度（Bq/m^3）	被动减压		主动减压	
		氡浓度（Bq/m^3）	降低率（%）	氡浓度（Bq/m^3）	降低率（%）
A1	905	172	81.0	66.1	92.7
A5	235	167	28.9	55.3	76.5

续表 5－15

房间	改造前	改造后			
		被动减压		主动减压	
	氡浓度（Bq/m^3）	氡浓度（Bq/m^3）	降低率（%）	氡浓度（Bq/m^3）	降低率（%）
A7	488	128	73.8	40.3	91.7
A13	210	109	48.1	34.6	83.5
均值	460	144	57.9	49.1	86.1

表 5－15 比较了主动减压与被动减压的降氡效果，冬季氡污染最严重的季节，主动减压房间中氡浓度在 $35Bq/m^3$ ～$66Bq/m^3$，降低率 77% ～93%；被动减压房间中氡浓度在 $109Bq/m^3$ ～$172Bq/m^3$，降低率 30% ～80%。

四、降氡方法的比较

采用不同方法对小汤山小院氡浓度超标建筑进行了治理，改造和运行费用按照每间房屋 $15m^2$ 的居住面积计算，不同方法的降低效果和费用见表 5－16。

表 5－16　不同降氡方法效果与费用

降氡方法		降低率（%）		费　用（元/间）	
		Rn	RnD	设备/改造	年运行
自然通风		30～90	60～90	—	—
净化除氡		8～49	92～96	2000	500
表面屏蔽		49～64	—	700	—
土壤减压	主动	77～93	—	3000	700
	被动	29～81	—	3000	—

附录

中华人民共和国行业标准

民用建筑氡防治技术规程

Technical specification for radon
control of civil building

JGJ/T 349—2015

1 总 则

1.0.1 为防治民用建筑室内氡的污染，保障公众健康，做到氡防治措施技术先进、经济合理、安全适用、确保质量，制定本规程。
1.0.2 本规程适用于新建、扩建和改建民用建筑氡防治的规划、勘察、设计、施工及验收。
1.0.3 民用建筑工程检测机构和氡治理施工单位应具备相应能力，施工前应对施工人员进行氡危害告知及防护知识教育，并应经过培训方可上岗。
1.0.4 民用建筑室内氡的防治，除应符合本规程的规定外，尚应符合国家现行有关标准的规定。

2 术语和符号

2.1 术 语

2.1.1 土壤氡浓度 radon concentration in soil gas

土壤间隙中空气的氡浓度。

2.1.2 氡析出率 radon exhalation rate

单位面积、单位时间内介质表面析出的氡的放射性活度。

2.1.3 防氡材料 materials protected against radon

能长期有效阻止土壤和建筑材料中氡析出的材料。

2.1.4 架空层 overhead layer

建筑物中仅以结构构件作为支撑，无围合墙体及门窗的开敞空间层。

2.1.5 空气隔离间层 air isolation layer

在土壤与一层楼板之间架空，通过通风稀释土壤中析出的氡浓度，隔离土壤氡进入一层空间的无使用功能的空间。

2.1.6 防氡复合地面 composite ground protected against radon

在混凝土楼地面基础上按水泥砂浆找平、防氡材料层、水泥砂浆保护层顺序施工完成的复合地面。

2.1.7 土壤减压法 soil depressurization

降低土壤中空气的压力，以减少氡向室内渗透的方法。

2.1.8 被动土壤减压法 passive soil depressurization

通过空气隔离间层、连接管道以及一系列的构造措施构成一套排氡系统，利用自然通风的“烟囱效应”使建筑物底板下方形成负压区，以减少氡气向室内渗透的方法。

2.1.9 主动土壤减压法 active soil depressurization

利用风机抽气，使建筑物底板下方形成负压，以减少氡气向室内渗透的方法。

2.1.10 有效扩散长度 effective diffusion length

当氡气的浓度减少至射气源氡气浓度的 1/e 时，该点离射气源的有效距离。

2.1.11 防氡效率 radon mitigation efficiency

防氡涂料防止氡扩散的效率，可用集氡室氡浓度与测量室氡浓度的差值与集氡室氡浓度之比表示。

2.2 符 号

a——对氡析出率测量数据进行最小二乘法线性拟合得出的直线斜率；

$C_{0.3}$——换气次数为 0.3 次/h 的情况下的室内氡浓度；

$\overline{C}$——24h 或更长时间的室内氡浓度监测结果平均值；

C_0——室外空气中的氡浓度；

d——防氡涂料试验样品厚度；

I_{Ra}——内照射指数；

I_γ——外照射指数；

J——待测试件的氡析出面的氡析出率；

k——氡－222 在介质中的扩散系数；

l——防氡材料的氡有效扩散长度；
n_0——试验装置中集氡室内的氡浓度；
n——试验装置中测量室内的氡浓度；
S——待测试件的氡析出面的面积；
T——测量持续时间；
t——通风时间；
V——氡析出率测试箱中剩余空间的容积；
η_0——被测房间对外门窗关闭状态下的单位时间内换气次数；
$\eta_{0.3}$——正常使用情况下的换气次数；
η——换气次数；
λ——氡-222衰变常数。

3 建设规划与工程勘察

3.1 建设规划阶段

3.1.1 在进行城乡建设规划时，应进行区域性土壤氡浓度或土壤表面氡析出率调查，并应根据调查结果绘制区域性土壤氡等值线图。

3.1.2 土壤类别达到四类的区域不宜按现行国家标准《民用建筑工程室内环境污染控制规范》GB 50325中规定的Ⅰ类民用建筑建设用地进行规划。当城市建设必须在四类土壤区域建设Ⅰ类民用建筑时，应进行环境氡对建设项目室内环境的影响评价。

3.2 工程勘察阶段

3.2.1 新建、扩建的民用建筑工程场地土壤氡浓度或土壤表面氡析出率的检测布点应覆盖所有单体建筑。

3.2.2 对于地下水位较浅或多石等不宜采用土壤氡浓度测量方法的地区，可进行土壤表面氡析出率的检测。

3.2.3 民用建筑工程场地土壤氡浓度检测方法及土壤表面氡析出率检测方法应符合现行国家标准《民用建筑工程室内环境污染控制规范》GB 50325的有关规定。

4 设　计

4.0.1 新建、扩建的民用建筑工程应依据建筑场地土壤氡浓度或土壤表面氡析出率的检测结果按表4.0.1的要求进行氡防治工程设计。

表4.0.1　土壤分类及氡防治工程设计要求

土壤类别	土壤氡浓度（Bq/m^3）	土壤表面氡析出率［$Bq/(m^2 \cdot s)$］	设计要求
一	≤20000	≤0.05	可不采取防土壤氡工程措施
二	>20000且<30000	>0.05且<0.1	应采取建筑物底层地面抗裂及封堵不同材料连接处、管井及管道连接处等措施
三	≥30000且<50000	≥0.1且<0.3	除采取类别二要求的措施外，地下室应按现行国家标准《地下工程防水技术规范》GB 50108的有关规定进行一级防水处理
四	≥50000	≥0.3	采取综合建筑构造防土壤氡措施

注：表中土壤类别系按土壤氡浓度范围或者相应的土壤表面氡析出率范围划分。

4.0.2 改建的民用建筑工程应对原建筑进行室内氡浓度检测，依据检测结果采取氡防治措施。

4.0.3 3层建筑物以下氡的防治措施应包括土壤氡防治和建筑材料释放的氡防治；3层及以上可只对建筑材料释放的氡进行防治。

4.0.4 当按现行国家标准《民用建筑工程室内环境污染控制规范》GB 50325划分为Ⅰ类民用建筑工程场地的土壤氡浓度大于或等于$50000Bq/m^3$，或土壤表面氡析出率大于或等于$0.3Bq/(m^2 \cdot s)$时，应进行工程场地土壤中的镭－226、钍－232、钾－40比活度检测。当内照射指数（I_{Ra}）大于1.0或外照射指数（I_{γ}）大于1.3时，工程场地土壤不得作为工程回填土使用。

4.0.5 工程场地为二类、三类土壤的民用建筑，与土壤直接接触的室内地面应采用混凝土地面，严禁采用土地面、砖地面。混凝土厚度不应小于80mm，并应采取抗裂构造措施。

4.0.6 工程场地为四类土壤的民用建筑，氡防治工程设计采用的构造措施应符合表4.0.6的有关规定。

表4.0.6　综合建筑构造防土壤氡措施

建筑形式	综合建筑构造防土壤氡措施
一层架空	地上建筑可不采取其他措施
无地下室、无架空、无空气隔离间层	1　一层及二层应封堵氡进入室内的通道，包括裂缝、不同材料连接处、管井及管道连接处等； 2　一层采用防氡涂料墙面、防氡复合地面； 3　在地基与一层地板之间设膜隔离层或土壤减压法； 4　一层及二层安装新风换气机（图4.0.6－1）
无地下室、无架空、有空气隔离间层	1　一层及二层封堵氡进入室内的通道，包括裂缝、不同材料连接处、管井及管道连接处等； 2　一层采用防氡涂料墙面及防氡复合地面； 3　一层及二层安装新风换气机（图4.0.6－2）
有地下室	1　地下室及一层封堵氡进入室内的通道，包括裂缝、不同材料连接处、管井及管道连接处等； 2　地下室及一层采用防氡复合地面及墙面防氡涂料； 3　地下室采用机械通风； 4　地下室采取一级防水处理（图4.0.6－3）

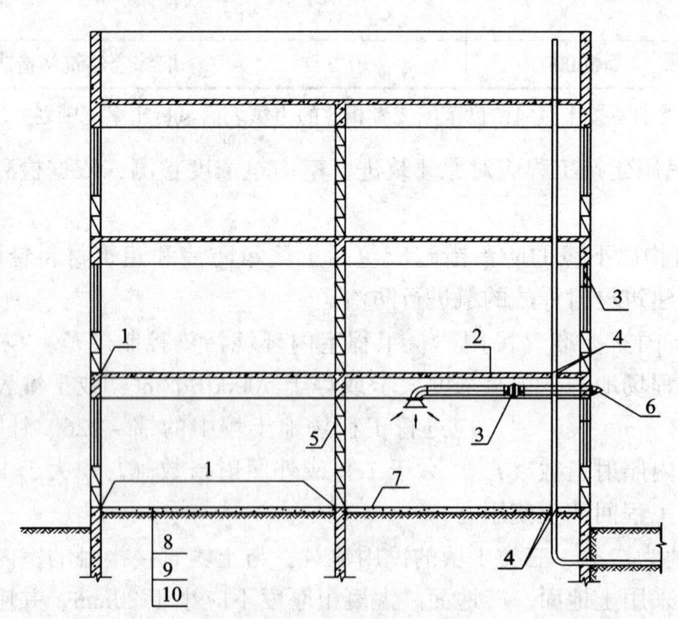

图4.0.6－1　无地下室、无架空、无空气隔离间层综合建筑构造防土壤氡措施示意

1—不同材料交接处封堵；2—封堵楼板裂缝；3—新风换气机；4—设备管及安装密封；5—防氡涂料；6—防雨风帽；7—防氡复合地面；8—细石混凝土地面；9—膜隔离层；10—素土夯实

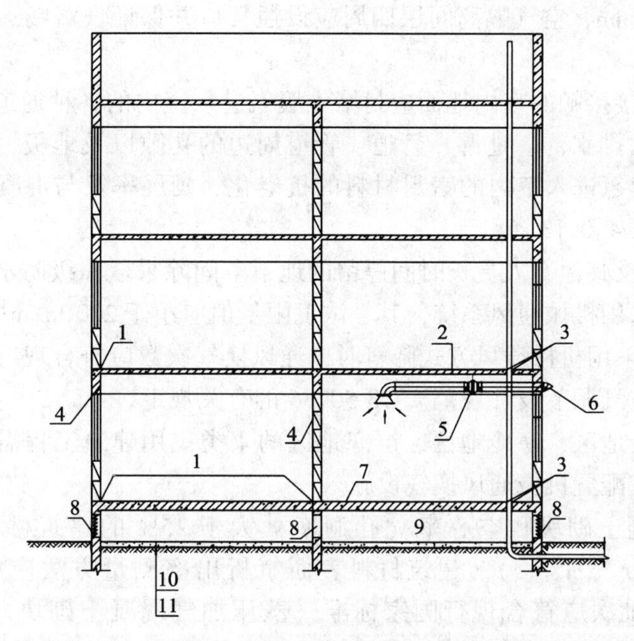

图 4.0.6－2　无地下室、无架空、有空气隔离间层综合建筑构造防土壤氡措施示意

1—不同材料交接处封堵；2—封堵楼板裂缝；3—设套管及安装密封；4—防氡涂料；5—换气机；6—防雨风帽；7—防氡复合地面；8—通风口；9—空气隔离间层；10—细石混凝土；11—素土夯实

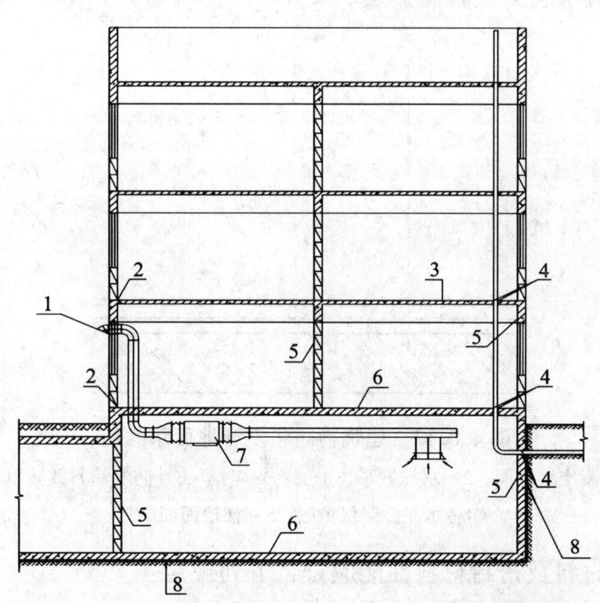

图 4.0.6－3　有地下室综合建筑构造防土壤氡措施示意

1—防风雨帽；2—不同材料交接处封堵；3—封堵楼板裂缝；4—设套管及安装密封；5—防氡涂料；6—防氡复合地面；7—排风机；8—一级防水

4.0.7　新建、扩建和改建的民用建筑氡防治工程设计应符合下列规定：

1　非采暖地区宜将建筑一层设计为架空层；

2　无地下室、无架空层建筑宜在地基与一层之间设空气隔离间层，空气隔离间层高度不宜大于900mm，空气隔离间层四周应设通气口并保证气流畅通，通气口应加设防雨水措施；

3 与土壤直接接触的室内地面应封堵土壤氡进入室内的各种通道，包括暴露的土壤、与土壤接触的排水沟、地漏、管道、管道周边的孔隙以及地板、墙面的裂缝等部位；用于封堵土壤氡进入室内的密封材料的抗老化、延展率及与混凝土粘接强度等性能应符合本规程第4.0.13条。

4.0.8 地下商场及其他有人员长时间停留的地下空间除采取一级防水处理和抗裂构造措施以外，必须采用机械通风系统，其氡浓度限量值应小于200Bq/m^3。

4.0.9 工程设计采用机械通风方式降氡时，通风换气次数应符合现行国家标准《民用建筑供暖通风与空气调节设计规范》GB 50736的有关规定。

4.0.10 夏热冬冷地区、寒冷地区、严寒地区的Ⅰ类民用建筑工程需要长时间关闭门窗使用时，房间宜配置机械通风换气设施。

4.0.11 加气混凝土砌块和空心率（孔洞率）大于25%的建筑材料表面氡析出率不应大于0.01Bq/（m^2·s）。建筑材料表面氡析出率测量方法应符合本规程附录A的规定。抽检批次应符合现行国家标准《蒸压加气混凝土砌块》GB 11968的有关规定。

4.0.12 民用建筑工程防氡复合地面应设置防氡层（图4.0.12），防氡层施工前应对基层进行找平，并在防氡层上设置保护层。

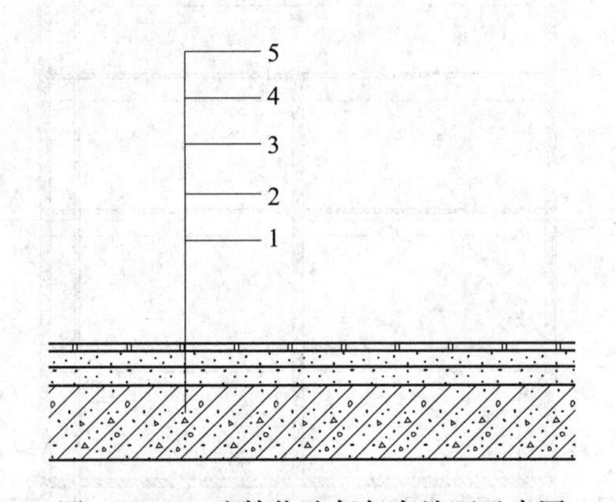

图4.0.12 建筑物防氡复合地面示意图

1—混凝土楼地面；2—水泥砂浆找平层；3—防氡层（防氡涂料或防氡膜）；
4—水泥砂浆保护层；5—楼地面面层

4.0.13 建筑防氡材料及密封材料性能应符合下列规定：

1 防氡材料的防氡效率应达到95%以上，防氡层的厚度应为3倍防氡材料有效扩散长度且不超过10mm，建筑防氡涂料、防氡膜的氡有效扩散长度的检测方法应符合本规程附录B的规定；

2 防氡涂料及密封材料用于内墙、天棚及楼地面工程时，物理力学性能应符合现行行业标准《弹性建筑涂料》JG/T 172的有关规定；

3 防氡层兼作地下工程内防水时，可选用涂膜或卷材类防水材料，并应符合现行国家标准《地下工程防水技术规范》GB 50108 的有关规定。

4.0.14 采用防氡涂料防氡时，内墙面打底腻子应采用弹性腻子，其动态抗裂性应符合现行行业标准《建筑外墙用腻子》JG/T 157 的有关规定，其他性能应符合现行行业标准《建筑室内用腻子》JG/T 298 的有关规定。

5 施 工

5.1 防土壤氡施工

5.1.1 地下室防水卷材兼做防氡层，其搭接宽度应在原有防水搭接宽度基础上增加50mm。

5.1.2 基础底板防裂采取的措施应符合下列规定：

1 浇筑大体积混凝土基础时应采取设置后浇带的措施。填充后浇带时，应按施工缝的要求施工，填充后浇带的混凝土可采用微膨胀或无收缩混凝土。填充混凝土的强度必须比原结构混凝土强度等级提高一级，湿润养护不得少于28d。

2 基础底板混凝土初凝前宜在底板保护层内沿底板表面铺一层钢丝编织网片。钢丝网目数不得少于80目，丝径不得低于0.5mm。

3 添加混凝土减水剂、增塑剂、膨胀剂等外加剂应符合现行国家标准《混凝土外加剂应用技术规范》GB 50119 的有关规定。

5.1.3 孔洞与缝隙的封堵应符合下列规定：

1 采取氡防治工程设计措施的民用建筑工程，其地下工程的变形缝、施工缝、穿墙管（盒）、埋设件、预留孔洞等特殊部位的施工工艺，应符合现行国家标准《地下工程防水技术规范》GB 50108 及《住宅装饰装修工程施工规范》GB 50327 的有关规定。

2 各类管道、管线、插座等设施穿透的孔洞、管道及套管和管线之间的缝隙应密封严实。密封材料宜采用弹性密封材料。

3 施工后期混凝土产生的裂缝在0.3mm以内的采用环氧树脂密封裂缝，0.3mm以上应采用注浆灌缝的工艺封闭裂缝。

5.1.4 土壤减压法施工应符合本规程附录C的规定。

5.2 防氡涂料施工

5.2.1 对有氡防治工程设计要求的民用建筑，应严格按氡防治工程设计要求进行施工，防氡材料在使用前应进行性能检测。

5.2.2 抹灰工程施工应符合下列规定：

1　抹灰前基层表面的尘土、污垢、油渍等应清理干净，混凝土墙面、砖墙面、顶棚等表面凸出部分应凿平，对蜂窝、麻面、露筋等疏松部分应凿到密实处后，用1∶2.5水泥砂浆分层补平。

2　在不同材料基层交接处应采用加强网，加强网与各基层的搭接宽度不应小于150mm。

3　抹灰用砂浆宜使用预拌砂浆，强度等级不应小于M15，且不宜掺入外加剂。特殊情况下掺入外加剂时，砂浆强度应在原设计基础上提高一级。

4　抹灰工程严禁出现空鼓、裂缝现象。当抹灰总厚度大于或等于35mm时，应采取加强措施。

5.2.3　批刮弹性腻子施工应符合下列规定：

1　批刮腻子必须在基层充分干燥后进行；

2　基层验收合格后，用弹性腻子补平基层表面凹凸不平处，然后满刮腻子一道，待表干后打磨平整，并应清除浮灰；

3　接着刮涂第二道腻子，工序、材料同第一道，待表面干燥后打磨平整；

4　重复第3步骤，直到表面平整度达到防氡涂料施工要求。

5.2.4　涂刷防氡涂料应符合下列规定：

1　涂刷防氡涂料的施工应在腻子层充分干燥并将基层粉尘清理干净后进行（图5.2.4）。

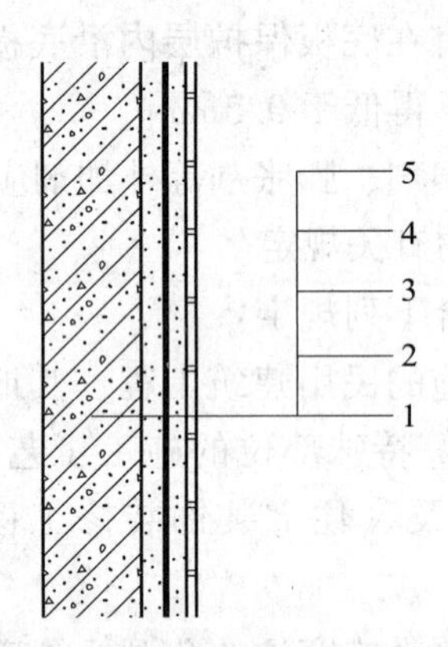

图5.2.4　防氡墙面涂饰示意

1—墙体；2—水泥砂浆找平层；3—弹性腻子；
4—防氡涂层；5—墙面面层

2　涂刷防氡涂料不应少于两道，在第一道防氡涂料干透后再涂刷第二道。涂刷顺序应上下左右交叉进行，两道涂层间的接缝应错开；防氡涂料与门窗框处应有可靠搭接。

5.3　防氡复合地面施工

5.3.1　地面防氡涂层与墙面防氡涂层之间应有可靠搭接，搭接宽度不应少于200mm。

5.3.2 地面结构层清理干净后，在面层上抹 M15 水泥砂浆找平，干燥后分道涂刷地面防氡涂料，每道施工厚度不得超过 150μm，待上一道涂层涂刷完并充分干燥并验证后，方可进行下一道涂刷施工。

5.3.3 地面防氡涂料施工结束并充分干燥后，应做砂浆或混凝土保护层，保护层厚度不应小于 15mm。

6 验　　收

6.0.1 民用建筑工程验收时，必须进行室内环境氡浓度检测，其限量应符合表 6.0.1 的规定。

表 6.0.1　民用建筑工程室内氡浓度限量

工程类别		氡（Bq/m^3）
Ⅰ类民用建筑工程	幼儿园、中小学教室和中小学学生宿舍、老年人居住建筑	≤100
	住宅、医院病房	≤200
Ⅱ类民用建筑工程	办公楼、商店、旅馆、文化娱乐场所、书店、图书馆、展览馆、体育馆、公共交通等候室、餐厅、理发店等	≤400

6.0.2 民用建筑工程室内空气中氡的检测，所选用方法的测量结果不确定度不应大于 25%，方法的探测下限不应大于 $10Bq/m^3$。

6.0.3 民用建筑工程验收时，室内氡浓度抽检房间数量应符合下列规定：

1 抽检每个建筑单体有代表性的房间室内环境氡浓度，抽检量不得少于房间总数的 5%；

2 实际房间与样板间使用同一设计、同一型号材料，样板间室内氡浓度检测结果合格的，抽检量可减半，但不得少于 3 间；

3 对于墙体材料使用加气混凝土、空心砌块、空心砖及工业废渣块体材料的建筑工程，抽检房间比例不应低于 10%，且每个建筑单体不得少于 3 间；当房间总数少于 3 间时，应全数检测；

4 抽检房间数量可从低层向上逐渐减少，工程场地为二、三、四类土壤时，人员长期停留的地下室及一层房间抽检比例不低于 40%。

6.0.4 民用建筑工程验收时，室内环境氡浓度检测点数应符合表 6.0.4 的规定。

表6.0.4　室内环境氡浓度检测点数设置

房间使用面积（m^2）	检测点数（个）
<50	1
≥50，<100	2
≥100，<500	不少于3
≥500，<1000	不少于5
≥1000，<3000	不少于6
≥3000	每1000m^2不少于3

6.0.5　当房间内有2个及以上检测点时，应采用对角线、斜线、梅花状均衡布点，并应取各点检测结果的平均值作为该房间的检测值。

6.0.6　民用建筑工程验收时，室内环境氡浓度现场检测点应距内墙面不小于0.5m，距楼地面高度0.8m～1.5m。检测点应均匀分布，避开通风道和通风口。

6.0.7　民用建筑工程室内环境中氡浓度检测时，对采用集中空调的民用建筑工程，应在空调正常运转的条件下进行；对采用自然通风的民用建筑工程，应在房间的对外门窗关闭24h以后进行，对于测量方法的响应时间超过2h的，可以从对外门窗关闭开始测量，24h以后读取结果。

6.0.8　对采用自然通风的民用建筑工程，当室内环境氡浓度检测结果不符合本规程第6.0.1条规定时，应按下列方法进行确认检验：

1　在对外门窗关闭情况下，取48h或更长时间的监测结果的平均值作为测量结果；

2　仍然超标，应检测被测房间对外门窗关闭状态下的换气次数，根据氡浓度测量结果和实测的换气次数换算出房间换气次数为0.3次/h的氡浓度作为最终超标与否的判定依据。换算可按下式计算：

$$C_{0.3}=C_0+\frac{(\overline{C}-C_0)\ \eta_0}{\eta_{0.3}} \tag{6.0.8}$$

式中：$C_{0.3}$——换气次数为0.3次/h情况下的室内氡浓度；

$\overline{C}$——24h或更长时间的室内氡浓度监测结果平均值；

C_0——室外空气中的氡浓度，一般取10Bq/m^3；

η_0——被测房间对外门窗关闭状态下的换气次数；

$\eta_{0.3}$——正常使用情况下的换气次数，取0.3次/h。

6.0.9　民用建筑工程及其室内装修工程验收时，应检查下列资料：

1　工程地质勘查报告、工程地点土壤氡浓度或氡析出率检测报告、工程地点土壤天然放射性核素镭-226、钍-232、钾-40含量检测报告；

2　涉及室内新风量的设计、施工文件，以及新风量的检测报告；

3　涉及室内环境氡污染控制的施工图设计文件及工程设计变更文件；

4 建筑材料和装修材料的放射性内照射指数及加气混凝土砌块和空心率（孔洞率）大于25%的建筑材料的氡析出率检测报告；天然花岗岩石材或瓷质砖使用面积大于200m^{2}时，产品的放射性内照射指数抽查复验报告；

5 建筑工程场地为二类土壤时，建筑物底层地面抗裂措施设计、施工资料；

6 建筑工程场地为三类土壤时，建筑物底层地面抗裂措施和地下室按现行国家标准《地下工程防水技术规范》GB 50108中一级防水要求进行设计、施工资料的文件资料；

7 建筑工程场地为四类土壤时，采取的建筑物综合防氡措施的设计及施工文件资料；

8 Ⅰ类民用建筑工程，场地为四类土壤时，工程场地土壤中的镭-226比活度检测资料及工程场地土壤内照射指数（I_{Ra}）大于1.0时，工程场地回填土放射性检验资料；

9 样板间室内氡浓度检测报告。

6.0.10 室内环境氡指标验收不合格的民用建筑工程，应进行治理，经再次检测合格后方可投入使用。

7 室内氡治理

7.1 一般规定

7.1.1 建筑室内氡浓度超过限量的民用建筑应查找超标原因，并应采取相应的治理措施。

7.1.2 治理室内氡污染可采用通风稀释、屏蔽和净化等方法，将室内氡浓度降低到本规程规定的限量值以下。建筑物降氡改造时，应在专业人员指导下进行。

7.2 氡来源勘测

7.2.1 应查看本规程第6.0.9条中的有关资料和以往的检测结果，对氡浓度超标建筑物进行初步判断。

7.2.2 对氡浓度超标建筑物，应实地勘察建筑物的构造、房间分布、通风状况、建筑材料、超标房间位置，分析氡的可疑来源，制定勘测方案。

7.2.3 氡来源的可疑点应采用时间响应快的仪器进行探测。对于墙面、地面等建筑材料泄露释放氡的情况，可采用氡的面析出率测量方法进行探测。

7.3 室内氡治理措施

7.3.1 建筑室内防氡降氡措施可选用表7.3.1中的治理措施，并应符合下列规定：

表 7.3.1 降低建筑室内氡的治理措施

室内氡浓度（Bq/m^3）＼氡来源	土壤氡	建材氡
200～400	1 加强自然通风； 2 采用屏蔽氡来源措施； 3 净化吸附或过滤氡子体	1 加强自然通风； 2 净化吸附或过滤氡子体
400～1000	1 加强自然通风或机械通风； 2 封堵屏蔽氡来源； 3 土壤减压法	1 加强自然通风或机械通风； 2 屏蔽氡来源（防氡涂料）
>1000	1 机械通风； 2 封堵屏蔽氡来源； 3 土壤减压法	1 机械通风； 2 屏蔽氡来源

1 对室内氡浓度超标的民用建筑应优先采用自然通风措施。开窗的时间和频率可按本规程附录 D 的方法执行。对于没有窗户或可开启窗户面积过小的房间，可通过增开窗户、增大开启面积或增加换气口，提高房间的新风量。

2 对于采用集中式空调的建筑，应按有关新风量设计标准的要求增加新风量；对于自然通风的建筑，可增加进风排风设备，换气次数和通风时间可按本规程附录 D 的方法执行。

3 防止土壤氡进入措施应符合下列规定：

1）对地板裂隙、地面和墙面的交界处、穿过地板或围墙的管道与线路、地下管沟等处的裂缝及孔洞应采用弹性密封材料封堵。

2）整个地面的防氡降氡处理，可采用防氡复合地面、铺设防氡膜等屏蔽隔离技术，实施方法应符合本规程第 5 章的有关规定。

3）土壤减压施工方法应符合本规程附录 A 的规定。室内氡浓度小于等于 $1000Bq/m^3$ 的建筑，可采用被动土壤减压法。室内氡浓度大于 $1000Bq/m^3$ 的建筑可采用主动土壤减压法。

4 采用涂刷防氡涂料、涂层等方法处理墙面及天棚。施工方法应符合本规程第 5.2 节和第 5.3 节的规定。

5 可根据房间容积和氡水平选择净化除氡装置。在房间使用期间，应开启净化除氡装置保持连续工作状态。

附录 A 建筑材料氡析出率测定

A.0.1 测量样品及设备应符合下列规定：

1 空心砖、空心砌块的含水率应控制为5% ±1%，加气混凝土砌块的含水率应控制为10% ±1%；

2 测量时建筑材料的温度应控制为23℃ ±2℃；

3 测量时箱内空气的湿度应为材料在测试箱中自然积累的湿度；

4 在氡析出率测试箱停止测量状态下，氡析出率测试箱密封性应满足在超压1kPa下，每分钟空气泄露应小于测试箱容积的1%，测试箱内要有试件支架，测试箱的尺寸以能放下试件为宜。

A.0.2 测氡仪器性能指标应包括下列内容：

1 工作温度范围应为 -10℃ ~40℃；

2 不确定度不应大于20%；

3 探测下限不应大于5Bq/m³；

4 时间响应不应大于10min。

A.0.3 建筑材料试件尺寸规格及数量应符合下列规定：

1 加气混凝土砌块试件尺寸规格应为200mm×200mm×200mm，数量应为4块；

2 空心砌块试件尺寸规格宜为390mm×190mm×190mm或出厂尺寸，数量应为2块；

3 空心砖试件尺寸规格宜为290mm×190mm×90mm或出厂尺寸，数量应为6块。

A.0.4 建筑材料含水率控制应按下列步骤进行：

1 对待测试件进行烘烤，把待测试件放入烘烤箱中，在105℃ ±2℃的温度下，连续烘烤10h的时候，试件的质量变化小于0.5%，烘烤至绝干并应记录此时试件的质量；

2 待烘烤至绝干的待测试件冷却后，应对试件进行加湿处理，直至含水率达到测量要求；

3 已经加湿好的待测试件应在与试件体积相当的密封箱中或者用塑料密封袋密封好放置一段时间（1d以上），放置过程中箱内外的温度应控制为23℃ ±2℃。

A.0.5 测量应按下列步骤进行：

1 对氡析出率测试箱所在环境的温度控制为23℃ ±2℃，对连续测氡仪进行测量前的准备，并测量测试箱氡浓度本底值；

2 对待测试件称重，确保试件的含水率符合测量要求后，将待测试件放入测试箱中，并进行密封；

3 用连续测氡仪进行约10h的连续测量，记录测量开始和结束时间，测量时间间隔0.5h，测量时间在2h以上，10h以内。

A.0.6 试件的表面氡析出率应按下式进行计算：

$$J=\frac{a \cdot V}{3600 \cdot S} \tag{A.0.6}$$

式中：J——待测试件氡析出面的氡析出率［Bq/（m²·s）］；

S——待测试件氡析出面的面积（m²）；

V——氡析出率测试箱中剩余空间的容积（m³）；

a——测试箱氡浓度与测量时间关系曲线初始直线段的斜率（图A.0.6），可采用最小二乘法线性拟合得出的直线斜率［Bq/（m³·h）］。

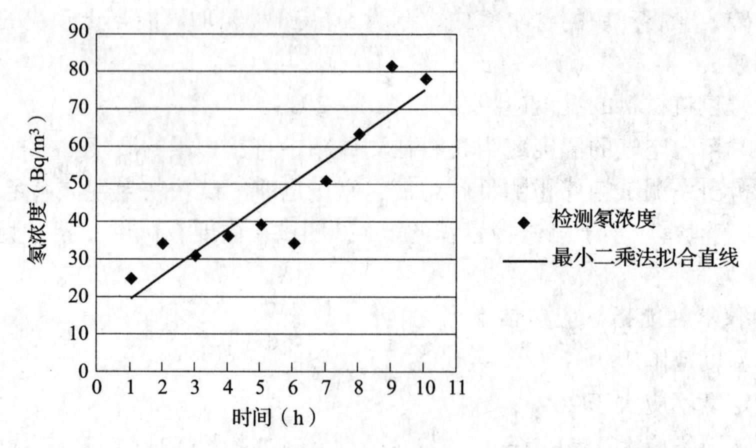

图 A.0.6　对氡析出率测量数据进行最小二乘法线性拟合所得直线斜率 *a* 示意

附录B　防氡涂料氡有效扩散长度测定

B.0.1　测量样品及设备应符合下列规定：

1　集氡室中的氡浓度宜大于 $1 \times 10^5 Bq/m^3$，测量室容积宜为 $550cm^3$，涂料层有效面积宜为 $100cm^2$；

2　以定性滤纸为载体，在定性滤纸的一面上涂刷防氡涂料，避免产生气泡，防氡涂料的涂层应均匀平整；按涂料的养护要求进行养护至涂料干燥；

3　测氡仪性能：

1）工作温度范围应为 -10℃ ~40℃；

2）不确定度不应大于 20%；

3）探测下限不应大于 $5Bq/m^3$；

4）时间响应不应大于 5min。

B.0.2　氡 -222 在介质中的扩散系数应按下式进行计算：

$$k = \frac{\lambda d^2}{\left[\ln \frac{n_0 \ (1 - e^{-\lambda T})}{n}\right]^2} \tag{B.0.2}$$

式中：k——氡 -222 在介质中的扩散系数（m^2/s）；

n_0——试验装置中集氡室内的氡浓度（Bq/m^3）；

n——试验装置中测量室内的氡浓度（Bq/m^3）；

λ——氡 -222 衰变常数，$2.1 \times 10^{-6} s^{-1}$；

T——测量持续时间（s）；

d——防氡涂料试验样品厚度（m）。

B. 0. 3 氡 – 222 在防氡涂料中的有效扩散长度可按下式计算，氡 – 222 在防氡膜中的有效扩散长度测量可按防氡涂料进行：

$$l=\sqrt{\frac{k}{\lambda}} \tag{B.0.3}$$

式中：l——氡 – 222 在介质中的有效扩散长度（m）；

k——氡 – 222 在介质中的扩散系数（m^2/s）；

λ——氡 – 222 衰变常数，$2.1\times10^{-6}s^{-1}$。

不同防氡效率所需防氡涂料厚度可按表 B. 0. 3 执行。

表 B. 0. 3 不同防氡效率对应的防氡涂料有效厚度

防氡效率（%）	50	80	90	95	98	99
防氡涂料有效厚度（m）	0. 69l	1. 6l	2. 3l	3. 0l	3. 9l	4. 6l

注：对于各向同性的防氡涂料有效厚度等同于几何厚度。

附录 C 土壤减压法

C. 0. 1 土壤减压法的设计（图 C. 0. 1）和施工应符合下列规定：

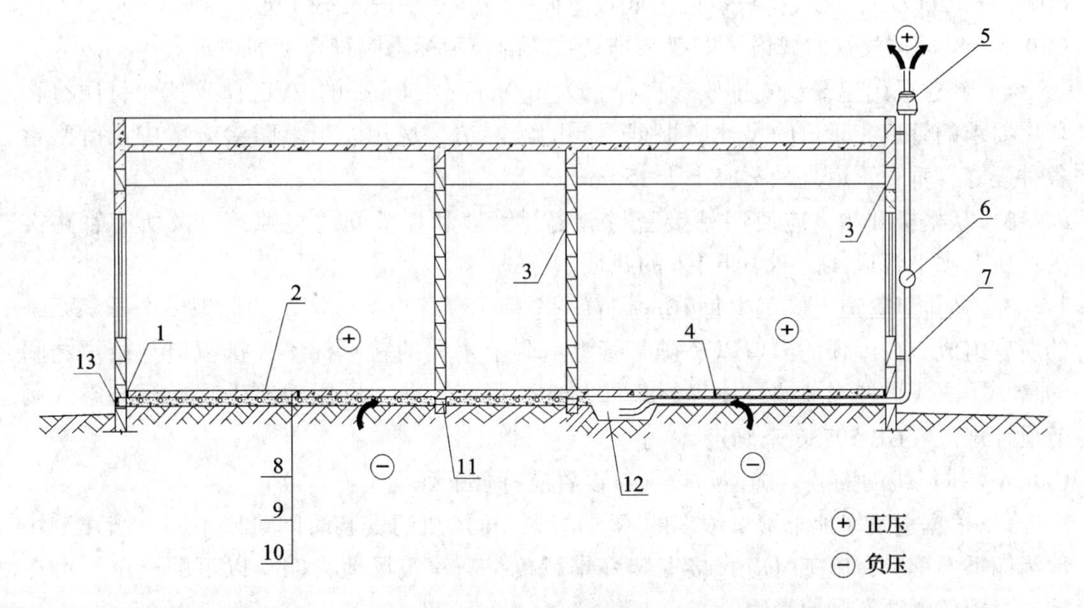

图 C. 0. 1 主动土壤减压法系统

1—聚氨酯嵌缝；2—复合地面防氡材料；3—防氡涂料；4—聚氨酯嵌缝膏；5—排风机；6—压力监控器；7—100PVC 氡排放管；8—结构楼板；9—骨料或架空层；10—素土夯实；11—穿梁排氡管；12—集气坑；13—进风口

1 在底板下应连续铺设一层100mm～150mm高的卵石或粒石，其粒径宜为12mm～25mm；

2 底板下空间被地梁或地垄墙分割成若干空间时，应在地梁或地垄墙上预留洞口或穿梁排气管打断分隔；

3 在排氡分区中央应设置1200mm×1200mm×200mm的集气坑；

4 安装直径为100mm～150mm的PVC排氡管，从集气坑引至室外并延伸到屋面以上，排气口周边7.5m范围内不得设置进风口；

5 在排氡管末端应安装排风机；

6 设置报警装置：当系统非正常运行，底板空间的负压不能满足系统需求时，系统应发出警报。

C.0.2 骨料的规格和布置应符合下列规定：

1 铺装骨料的粒径宜为12mm～25mm，粒径为12mm的骨料空隙率不应小于40%；

2 应在整个底板下均匀的放置一层100mm～150mm厚的干净骨料，不得加入杂质；在骨料上层及下方应各铺设一层土工布。

C.0.3 粒石层外墙上设进风口，进风口位置应避免与排气管短路，并不留死角。在地梁或地垄墙上预留洞口或穿梁排气管，洞口或排气管直径应为100mm±5mm，间距不应大于3m。

C.0.4 在架空层中每个排氡分区中央位置应设置氡集气坑，尺寸应为1200mm×1200mm×200mm；氡气排放管应沿底板下面铺设，水平进入集气坑。

C.0.5 氡气排放管的规格及安装和排氡系统的警示标志应符合下列规定：

1 新建民用建筑氡气排放管直径宜为100mm～150mm的PVC管或其他材质符合环保要求的管道。管道的尺寸应根据不同的实际情况选用。当氡防治方案中没有密封各种裂缝，垂直管道直径不应小于150mm。

2 从楼板开始，应使用粘接密封剂密封管道和楼板间的空隙，以及所有管路接头；所有水平管道保证不小于1%的找坡。

3 在排氡管道上应至少每10m设置一个标识，标识上应清楚的标识整个排氡系统的所有组成。在屋顶的出口以及排气管上应附上永久的警示标签。排氡口与窗户之间的最小距离应该按当地的具体气候条件及现行国家标准《民用建筑供暖通风与空气调节设计规范》GB 50736来确定。

C.0.6 排风机的安装、选型及排气口设置应符合下列规定：

1 根据建筑场地土壤氡浓度的不同情况，排风机的安装时间可以不同。当建筑场地为四类土壤，在施工时应直接安装好排风机；当建筑场地为四类以下的土壤氡可在施工时预留电源及其他管线。

2 在氡控制系统中，应选用专门为户外使用制造的风机。风机与管道连接应采用密封性好、运行噪声低、易于更换的系统。防水电器开关应放在风机附近。

3 排气管末端应距离最近的进气口或窗口7.5m以上。

C. 0. 7 主动土壤减压系统设计应包括空气压力报警系统。

C. 0. 8 应封堵底板与负压区之间的孔洞、裂缝、不同材料连接处、管井或管道周边空隙，防止室内的空气渗入架空层中的低压区域。

附录 D 排氡换气次数简表

D. 0. 1 限量氡浓度值为 100Bq/m³时，排氡换气次数可按表 D. 0. 1 的规定取值。

表 D. 0. 1 排氡换气次数简表（限量氡浓度值为 100Bq/m³）

η \ t \ C	200	300	400	500	600	700	800	900	1000	1100	1200
0. 15	12. 97	—	—	—	—	—	—	—	—	—	—
0. 20	8. 22	—	—	—	—	—	—	—	—	—	—
0. 25	6. 30	—	—	—	—	—	—	—	—	—	—
0. 30	5. 25	10. 24	—	—	—	—	—	—	—	—	—
0. 35	4. 57	8. 55	—	—	—	—	—	—	—	—	—
0. 40	4. 09	7. 46	—	—	—	—	—	—	—	—	—
0. 45	3. 73	6. 67	10. 10	—	—	—	—	—	—	—	—
0. 50	3. 44	6. 07	8. 93	—	—	—	—	—	—	—	—
0. 55	3. 20	5. 59	8. 06	—	—	—	—	—	—	—	—
0. 60	3. 00	5. 19	7. 36	—	—	—	—	—	—	—	—
0. 65	2. 82	4. 85	6. 79	9. 18	—	—	—	—	—	—	—
0. 70	2. 66	4. 55	6. 31	8. 35	—	—	—	—	—	—	—
0. 75	2. 52	4. 28	5. 89	7. 67	—	—	—	—	—	—	—
0. 80	2. 39	4. 04	5. 52	7. 10	—	—	—	—	—	—	—
0. 85	2. 27	3. 82	5. 19	6. 61	8. 39	—	—	—	—	—	—
0. 90	2. 16	3. 62	4. 90	6. 18	7. 72	—	—	—	—	—	—
0. 95	2. 06	3. 44	4. 63	5. 80	7. 15	—	—	—	—	—	—
1. 00	1. 97	3. 28	4. 38	5. 46	6. 66	—	—	—	—	—	—
1. 05	1. 88	3. 12	4. 16	5. 16	6. 23	7. 57	—	—	—	—	—

续表 D.0.1

C / t / η	200	300	400	500	600	700	800	900	1000	1100	1200
1.10	1.80	2.98	3.96	4.88	5.86	7.01	—	—	—	—	—
1.15	1.73	2.85	3.77	4.63	5.52	6.54	—	—	—	—	—
1.20	1.66	2.73	3.60	4.41	5.22	6.13	—	—	—	—	—
1.25	1.59	2.61	3.44	4.20	4.95	5.77	6.78	—	—	—	—
1.30	1.53	2.51	3.29	4.01	4.71	5.45	6.33	—	—	—	—
1.35	1.47	2.41	3.16	3.83	4.48	5.17	5.95	—	—	—	—
1.40	1.42	2.32	3.03	3.67	4.28	4.91	5.61	—	—	—	—
1.45	1.37	2.23	2.91	3.52	4.09	4.68	5.31	6.08	—	—	—
1.50	1.32	2.15	2.80	3.38	3.92	4.46	5.05	5.73	—	—	—
1.55	1.28	2.08	2.70	3.25	3.76	4.27	4.81	5.42	—	—	—
1.60	1.23	2.00	2.60	3.13	3.61	4.09	4.59	5.14	5.81	—	—
1.65	1.19	1.94	2.51	3.01	3.47	3.93	4.39	4.90	5.49	—	—
1.70	1.16	1.88	2.43	2.91	3.35	3.77	4.21	4.67	5.20	—	—
1.75	1.12	1.82	2.35	2.81	3.23	3.63	4.04	4.47	4.95	5.54	—
1.80	1.09	1.76	2.28	2.72	3.12	3.50	3.89	4.29	4.73	5.25	—
1.85	1.06	1.71	2.21	2.63	3.01	3.38	3.74	4.12	4.53	4.99	—
1.90	1.03	1.66	2.14	2.55	2.92	3.27	3.61	3.96	4.34	4.76	—
1.95	1.00	1.61	2.08	2.47	2.83	3.16	3.49	3.82	4.17	4.56	5.02
2.00	1.03	1.57	2.02	2.40	2.74	3.06	3.37	3.69	4.01	4.37	4.79

注：1　表中的 C 为实测氡浓度，是指按现行国家标准《民用建筑工程室内环境污染控制规程》GB 50325 的规定，关闭门窗 24h 后测得的室内氡浓度。

2　表中 η 为换气次数，是指单位时间内建筑物室内的新风换气次数。如室内新风换气量为 $5m^3/h$，室内容积为 $10m^3$，则换气次数为 0.5 次/h。

3　表中 t 为通风时间，是指换气次数 η 使室内氡浓度从实测值 C 下降到限量氡浓度值以下所需要的时间。

4　编制本简表时取新风中氡浓度为 $10Bq/m^3$，新风中氡浓度较高时，应适当修正换气次数。

D.0.2　限量氡浓度值为 $200Bq/m^3$ 时，排氡换气次数可按表 D.0.2 的规定取值。

表 D. 0. 2 排氡换气次数简表（限量氡浓度值为 200Bq/m^3）

C / t / η	300	400	500	600	700	800	900	1000	1100	1200	1300	1400	1500	1600	1700	1800	1900	2000
0. 10	11. 80	—	—	—	—	—	—	—	—	—	—	—	—	—	—	—	—	—
0. 15	5. 70	11. 96	—	—	—	—	—	—	—	—	—	—	—	—	—	—	—	—
0. 20	3. 99	7. 73	12. 05	—	—	—	—	—	—	—	—	—	—	—	—	—	—	—
0. 25	3. 18	5. 96	8. 81	12. 28	—	—	—	—	—	—	—	—	—	—	—	—	—	—
0. 30	2. 70	4. 98	7. 18	9. 58	12. 67	—	—	—	—	—	—	—	—	—	—	—	—	—
0. 35	2. 38	4. 35	6. 17	8. 06	10. 24	—	—	—	—	—	—	—	—	—	—	—	—	—
0. 40	2. 15	3. 89	5. 48	7. 06	8. 78	10. 88	—	—	—	—	—	—	—	—	—	—	—	—
0. 45	1. 98	3. 55	4. 97	6. 34	7. 78	9. 42	—	—	—	—	—	—	—	—	—	—	—	—
0. 50	1. 83	3. 28	4. 56	5. 78	7. 03	8. 39	10. 03	—	—	—	—	—	—	—	—	—	—	—
0. 55	1. 71	3. 06	4. 23	5. 33	6. 44	7. 61	8. 94	—	—	—	—	—	—	—	—	—	—	—
0. 60	1. 61	2. 86	3. 95	4. 96	5. 95	6. 98	8. 11	9. 46	—	—	—	—	—	—	—	—	—	—
0. 65	1. 52	2. 69	3. 70	4. 63	5. 54	6. 46	7. 44	8. 57	—	—	—	—	—	—	—	—	—	—
0. 70	1. 44	2. 54	3. 49	4. 35	5. 18	6. 01	6. 88	7. 85	8. 99	—	—	—	—	—	—	—	—	—
0. 75	1. 36	2. 41	3. 30	4. 10	4. 86	5. 62	6. 40	7. 24	8. 21	—	—	—	—	—	—	—	—	—
0. 80	1. 30	2. 29	3. 12	3. 87	4. 58	5. 27	5. 98	6. 73	7. 56	8. 54	—	—	—	—	—	—	—	—
0. 85	1. 24	2. 17	2. 96	3. 67	4. 33	4. 97	5. 61	6. 28	7. 01	7. 84	—	—	—	—	—	—	—	—
0. 90	1. 18	2. 07	2. 82	3. 48	4. 10	4. 69	5. 28	5. 89	6. 53	7. 25	8. 09	—	—	—	—	—	—	—
0. 95	1. 13	1. 97	2. 68	3. 31	3. 88	4. 44	4. 98	5. 54	6. 12	6. 75	7. 46	—	—	—	—	—	—	—
1. 00	1. 08	1. 89	2. 56	3. 15	3. 69	4. 21	4. 71	5. 22	5. 75	6. 31	6. 93	7. 64	—	—	—	—	—	—
1. 05	1. 03	1. 80	2. 44	3. 00	3. 51	4. 00	4. 47	4. 94	5. 42	5. 92	6. 47	7. 08	—	—	—	—	—	—
1. 10	0. 99	1. 73	2. 33	2. 87	3. 35	3. 81	4. 25	4. 68	5. 12	5. 58	6. 07	6. 60	7. 21	—	—	—	—	—

续表 D. 0. 2

C / t / η	300	400	500	600	700	800	900	1000	1100	1200	1300	1400	1500	1600	1700	1800	1900	2000
1. 15	0. 95	1. 65	2. 23	2. 74	3. 20	3. 63	4. 04	4. 45	4. 85	5. 27	5. 71	6. 18	6. 71	7. 33	—	—	—	—
1. 20	0. 91	1. 59	2. 14	2. 62	3. 06	3. 47	3. 85	4. 23	4. 61	4. 99	5. 39	5. 82	6. 28	6. 81	—	—	—	—
1. 25	0. 88	1. 52	2. 06	2. 52	2. 93	3. 31	3. 68	4. 04	4. 39	4. 74	5. 11	5. 49	5. 90	6. 36	6. 89	—	—	—
1. 30	0. 84	1. 47	1. 97	2. 41	2. 81	3. 17	3. 52	3. 85	4. 18	4. 51	4. 85	5. 20	5. 57	5. 97	6. 43	—	—	—
1. 35	0. 81	1. 41	1. 90	2. 32	2. 70	3. 04	3. 37	3. 69	4. 00	4. 30	4. 62	4. 94	5. 27	5. 64	6. 03	6. 48	—	—
1. 40	0. 78	1. 36	1. 83	2. 23	2. 59	2. 92	3. 23	3. 53	3. 82	4. 11	4. 40	4. 70	5. 01	5. 33	5. 69	6. 08	6. 53	—
1. 45	0. 76	1. 31	1. 76	2. 15	2. 49	2. 81	3. 11	3. 39	3. 66	3. 94	4. 21	4. 48	4. 77	5. 06	5. 38	5. 73	6. 11	—
1. 50	0. 73	1. 27	1. 70	2. 07	2. 40	2. 70	2. 99	3. 26	3. 52	3. 77	4. 03	4. 28	4. 55	4. 82	5. 11	5. 42	5. 76	6. 14
1. 55	0. 71	1. 22	1. 64	2. 00	2. 32	2. 61	2. 88	3. 13	3. 38	3. 62	3. 86	4. 10	4. 35	4. 60	4. 86	5. 14	5. 44	5. 78
1. 60	0. 68	1. 18	1. 59	1. 93	2. 24	2. 51	2. 77	3. 02	3. 25	3. 48	3. 71	3. 93	4. 16	4. 40	4. 64	4. 89	5. 17	5. 46
1. 65	0. 66	1. 15	1. 54	1. 87	2. 16	2. 43	2. 68	2. 91	3. 13	3. 35	3. 57	3. 78	3. 99	4. 21	4. 44	4. 67	4. 92	5. 18
1. 70	0. 64	1. 11	1. 49	1. 81	2. 09	2. 35	2. 59	2. 81	3. 02	3. 23	3. 43	3. 64	3. 84	4. 04	4. 25	4. 47	4. 69	4. 94
1. 75	0. 62	1. 08	1. 44	1. 75	2. 02	2. 27	2. 50	2. 72	2. 92	3. 12	3. 31	3. 50	3. 69	3. 89	4. 08	4. 28	4. 49	4. 71
1. 80	0. 61	1. 05	1. 40	1. 70	1. 96	2. 20	2. 42	2. 63	2. 82	3. 01	3. 20	3. 38	3. 56	3. 74	3. 92	4. 11	4. 31	4. 51
1. 85	0. 59	1. 02	1. 36	1. 65	1. 90	2. 13	2. 34	2. 54	2. 73	2. 91	3. 09	3. 26	3. 43	3. 61	3. 78	3. 95	4. 14	4. 32
1. 90	0. 57	0. 99	1. 32	1. 60	1. 85	2. 07	2. 27	2. 47	2. 65	2. 82	2. 99	3. 15	3. 32	3. 48	3. 64	3. 81	3. 98	4. 15
1. 95	0. 56	0. 96	1. 28	1. 56	1. 79	2. 01	2. 21	2. 39	2. 57	2. 73	2. 90	3. 05	3. 21	3. 36	3. 52	3. 67	3. 83	4. 00
2. 00	0. 54	0. 93	1. 25	1. 51	1. 74	1. 95	2. 14	2. 32	2. 49	2. 65	2. 81	2. 96	3. 11	3. 25	3. 40	3. 55	3. 70	3. 85

注：1 表中的 C 为实测氡浓度，是指按现行国家标准《民用建筑工程室内环境污染控制规程》GB 50325 的规定，关闭门窗 24h 后测得的室内氡浓度。

2 表中 η 为换气次数，是指单位时间内建筑物室内的新风换气次数。如室内新风换气量为 $5m^3/h$，室内容积为 $10m^3$，则换气次数为 0. 5 次/h。

3 表中 t 为通风时间，是指换气次数 η 使室内氡浓度从实测值 C 下降到限量氡浓度值以下所需要的时间。

4 编制本简表时取新风中氡浓度为 $10Bq/m^3$，新风中氡浓度较高时，应适当修正换气次数。

D.0.3 限量氡浓度值为400Bq/m^{3}时，排氡换气次数可按表D.0.3的规定取值。

表D.0.3 排氡换气次数简表（限量氡浓度值为400Bq/m^3）

η \ t \ C	500	600	700	800	900	1000	1100	1200	1300	1400	1500	1600	1700	1800	1900	2000
0.10	5.25	11.31	—	—	—	—	—	—	—	—	—	—	—	—	—	—
0.15	2.82	5.53	8.35	—	—	—	—	—	—	—	—	—	—	—	—	—
0.20	2.03	3.89	5.68	7.50	9.44	11.62	14.30	—	—	—	—	—	—	—	—	—
0.25	1.64	3.10	4.47	5.81	7.15	8.56	10.08	11.83	—	—	—	—	—	—	—	—
0.30	1.40	2.64	3.77	4.86	5.92	6.99	8.10	9.29	10.61	12.16	—	—	—	—	—	—
0.35	1.24	2.33	3.31	4.24	5.14	6.02	6.92	7.84	8.83	9.91	11.14	—	—	—	—	—
0.40	1.12	2.10	2.98	3.80	4.59	5.35	6.11	6.89	7.68	8.53	9.45	10.49	11.71	—	—	—
0.45	1.03	1.93	2.73	3.47	4.18	4.85	5.52	6.19	6.87	7.57	8.32	9.13	10.03	11.08	—	—
0.50	0.96	1.79	2.53	3.21	3.85	4.46	5.06	5.65	6.25	6.86	7.49	8.16	8.88	9.68	10.60	—
0.55	0.90	1.67	2.36	2.99	3.58	4.14	4.68	5.22	5.75	6.29	6.84	7.41	8.02	8.67	9.40	10.22
0.60	0.85	1.57	2.21	2.80	3.35	3.86	4.36	4.85	5.33	5.81	6.30	6.81	7.33	7.89	8.48	9.14
0.65	0.80	1.48	2.09	2.64	3.14	3.63	4.09	4.54	4.98	5.42	5.86	6.30	6.77	7.25	7.76	8.31
0.70	0.76	1.40	1.97	2.49	2.97	3.42	3.85	4.26	4.67	5.07	5.47	5.87	6.29	6.71	7.16	7.63
0.75	0.72	1.33	1.87	2.36	2.81	3.23	3.63	4.01	4.39	4.76	5.13	5.50	5.87	6.25	6.64	7.06
0.80	0.69	1.27	1.78	2.24	2.66	3.06	3.43	3.79	4.14	4.49	4.83	5.16	5.50	5.85	6.20	6.56
0.85	0.65	1.21	1.69	2.13	2.53	2.90	3.26	3.59	3.92	4.24	4.55	4.86	5.18	5.49	5.81	6.14
0.90	0.63	1.15	1.61	2.03	2.41	2.76	3.09	3.41	3.72	4.01	4.31	4.59	4.88	5.17	5.46	5.76
0.95	0.60	1.10	1.54	1.93	2.29	2.63	2.94	3.24	3.53	3.81	4.08	4.35	4.62	4.88	5.15	5.42
1.00	0.57	1.05	1.47	1.85	2.19	2.51	2.80	3.09	3.36	3.62	3.88	4.13	4.37	4.62	4.87	5.11
1.05	0.55	1.01	1.41	1.77	2.09	2.39	2.68	2.94	3.20	3.45	3.69	3.92	4.15	4.38	4.61	4.84
1.10	0.53	0.97	1.35	1.69	2.00	2.29	2.56	2.81	3.05	3.29	3.51	3.74	3.95	4.17	4.38	4.59

续表 D. 0. 3

C / t / η	500	600	700	800	900	1000	1100	1200	1300	1400	1500	1600	1700	1800	1900	2000
1.15	0.50	0.93	1.29	1.62	1.92	2.19	2.45	2.69	2.92	3.14	3.35	3.56	3.77	3.97	4.16	4.36
1.20	0.49	0.89	1.24	1.56	1.84	2.10	2.34	2.58	2.79	3.00	3.21	3.40	3.59	3.78	3.97	4.15
1.25	0.47	0.86	1.19	1.49	1.77	2.02	2.25	2.47	2.68	2.88	3.07	3.25	3.44	3.61	3.79	3.96
1.30	0.45	0.82	1.15	1.44	1.70	1.94	2.16	2.37	2.57	2.76	2.94	3.12	3.29	3.46	3.62	3.78
1.35	0.43	0.79	1.11	1.38	1.63	1.86	2.08	2.28	2.47	2.65	2.82	2.99	3.15	3.31	3.47	3.62
1.40	0.42	0.77	1.07	1.33	1.57	1.79	2.00	2.19	2.37	2.55	2.71	2.87	3.03	3.18	3.33	3.47
1.45	0.40	0.74	1.03	1.29	1.52	1.73	1.93	2.11	2.28	2.45	2.61	2.76	2.91	3.05	3.19	3.33
1.50	0.39	0.71	0.99	1.24	1.46	1.67	1.86	2.04	2.20	2.36	2.51	2.66	2.80	2.94	3.07	3.20
1.55	0.38	0.69	0.96	1.20	1.42	1.61	1.79	1.96	2.12	2.28	2.42	2.56	2.70	2.83	2.96	3.08
1.60	0.37	0.67	0.93	1.16	1.37	1.56	1.73	1.90	2.05	2.20	2.34	2.47	2.60	2.73	2.85	2.97
1.65	0.35	0.65	0.90	1.12	1.32	1.51	1.68	1.84	1.98	2.12	2.26	2.39	2.51	2.63	2.75	2.86
1.70	0.34	0.63	0.87	1.09	1.28	1.46	1.62	1.78	1.92	2.06	2.18	2.31	2.43	2.54	2.65	2.76
1.75	0.33	0.61	0.85	1.06	1.24	1.42	1.57	1.72	1.86	1.99	2.11	2.23	2.35	2.46	2.57	2.67
1.80	0.32	0.59	0.82	1.03	1.21	1.37	1.53	1.67	1.80	1.93	2.05	2.16	2.27	2.38	2.48	2.58
1.85	0.31	0.58	0.80	1.00	1.17	1.33	1.48	1.62	1.75	1.87	1.99	2.10	2.20	2.31	2.41	2.50
1.90	0.31	0.56	0.78	0.97	1.14	1.30	1.44	1.57	1.70	1.82	1.93	2.04	2.14	2.24	2.33	2.43
1.95	0.30	0.54	0.76	0.94	1.11	1.26	1.40	1.53	1.65	1.76	1.87	1.98	2.08	2.17	2.26	2.35
2.00	0.29	0.53	0.74	0.92	1.08	1.23	1.36	1.49	1.60	1.72	1.82	1.92	2.02	2.11	2.20	2.29

注：1 表中的 C 为实测氡浓度，是指按现行国家标准《民用建筑工程室内环境污染控制规程》GB 50325 的规定，关闭门窗 24h 后测得的室内氡浓度。

2 表中 η 为换气次数，是指单位时间内建筑物室内的新风换气次数。如室内新风换气量为 $5m^3/h$，室内容积为 $10m^3$，则换气次数为 0.5 次/h。

3 表中 t 为通风时间，是指换气次数 η 使室内氡浓度从实测值 C 下降到限量氡浓度值以下所需要的时间。

4 编制本简表时取新风中氡浓度为 $10Bq/m^3$，新风中氡浓度较高时，应适当修正换气次数。

本规程用词说明

1 为便于在执行本规程条文时区别对待，对要求严格程度不同的用词说明如下：

1）表示很严格，非这样做不可的用词：

正面词采用“必须”，反面词采用“严禁”；

2）表示严格，在正常情况下均应这样做的用词：

正面词采用“应”，反面词采用“不应”或“不得”；

3）表示允许稍有选择，在条件许可时首先应这样做的用词：

正面词采用“宜”，反面词采用“不宜”；

4）表示有选择，在一定条件下可以这样做的用词，采用“可”。

2 条文中指明应按其他有关标准执行的写法为“应符合……的规定”或“应按……执行”。

引用标准名录

1《地下工程防水技术规范》GB 50108

2《混凝土外加剂应用技术规范》GB 50119

3《民用建筑工程室内环境污染控制规程》GB 50325

4《住宅装饰装修工程施工规范》GB 50327

5《民用建筑供暖通风与空气调节设计规范》GB 50736

6《蒸压加气混凝土砌块》GB 11968

7《建筑外墙用腻子》JG/T 157

8《弹性建筑涂料》JG/T 172

9《建筑室内用腻子》JG/T 298

中华人民共和国行业标准

民用建筑氡防治技术规程

JGJ/T 349—2015

条文说明

制订说明

《民用建筑氡防治技术规程》JGJ/T 349—2015，经住房和城乡建设部2015年2月5日以第746号公告批准、发布。

本规程编制过程中，编制组进行了大量的调查研究，总结了近年来国内氡防治技术在工作中应用的实践经验，同时参考了国外先进技术法规和技术标准，通过调研和实验，取得了多方面的技术参数。

为便于广大设计、施工、科研、学校等单位有关人员在使用本规程时能正确理解和执行条文规定，《民用建筑氡防治技术规程》编制组按章、节、条顺序编制了本规程的条文说明，对条文规定的目的、依据以及执行中需要注意的有关事项进行了说明。但是，本条文说明不具备与本规程正文同等的法律效力，仅供使用者作为理解和把握规程规定的参考。

1 总　　则

1.0.1、1.0.2　为确保民用建筑室内氡污染符合标准，同时体现辐射防护三原则即辐射防护正当性、辐射防护最优化、个人剂量限值，本规程主要针对新建、扩建及改建的民用建筑，在其规划、勘察、工程设计、工程施工及工程验收等各阶段提出规范性要求。

1.0.3　室内氡浓度的检测及氡污染治理需要较强的专业知识，相关的检测机构及治理单位必须具有相应的治理能力。对于治理施工单位，由于其施工人员在长期的工作中接触氡的机会很多，容易受到氡污染的危害，必须对施工人员加强氡防护知识的培训，只有经过考核合格的人员才能上岗。

1.0.4 民用建筑工程室内氡污染控制包括工程的设计、施工、治理等，这些控制措施必须符合本规程的规定。但是，为了不引起室内环境的其他污染及安全等问题，相关的氡污染控制措施还必须符合现行国家标准《民用建筑工程室内环境污染控制规范》GB 50325 及其他现行国家相关标准，做到室内环境的安全可靠。

2 术语和符号

2.1.3 通过使用防氡材料降低室内氡浓度是目前室内氡污染治理中较为常用的手段，防氡材料主要包括防氡涂料、防氡膜、防氡卷材等。防氡材料可以用于房屋地面、墙面及顶棚等，可以长期有效地防止土壤和建筑材料中氡的析出，并且不会因为地面、墙面及顶棚等发生微裂纹而失效。

2.1.4 架空层是近年来出现的建筑空间形式，主要特征是仅有结构体作为支撑，没有门窗及墙体围合，是一个敞开的空间，在我国南方地区被普遍采用。架空层提供了一个具有良好通风和采光的空间，可以用于休闲集会、邻里交往、绿化和停车，提升空间品质。

2.1.5 这种结构形式在以往我国很多地区经常被采用，原本的设计目的是为了防潮。其构造特征是在土壤与一层楼板之间架空形成一个空气间层，通常这个间层比较低矮没有使用功能，间层内部及四周均设有通气口，因这种构造具有良好的通风功能，对防止土壤氡进入室内有很好的隔离作用。

2.1.6 防氡复合地面主要由混凝土楼地面、水泥砂浆找平层、防氡材料、水泥砂浆保护层构成，防氡材料的层基面应平整密实，防氡材料应具有较好的延展率、抗老化性能，防氡材料之上应做保护层，以防止其破损并延长使用寿命。

2.1.7~2.1.9 土壤减压法主要是通过降低土壤空气中的气压，以减少氡向室内渗透。土壤减压法主要包括两种方法：被动土壤减压法、主动土壤减压法。被动土壤减压法不需要风机，较为节能，但在一般情况下效果不及采用了风机的效果。主动土壤减压法需要安装风机，使建筑物底板下方形成负压，此方法效果较好，但需要电源，较为耗能。根据土壤氡浓度的大小，可以灵活选择两种方法。

2.1.10 有效扩散长度是从防氡材料的扩散长度衍生而来，防氡材料的扩散长度是指当氡气的浓度减少至射气源氡气浓度的 1/e 时，该点离射气源的距离。对于各向同性的防氡材料而言，防氡材料的扩散长度即为“扩散长度”定义中所说的该点离射气源的距离；而对于各向异性的防氡材料而言，其扩散长度并非如此。为此，特引入有效扩散长度的概念，将各向同性和各向异性防氡涂料统一起来，引入“有效扩散长度”的概念，并将其定义为“当氡气的浓度减少至射气源氡气浓度的 1/e 时，该点离射气源的有效距离”。

2.1.11 目前测量防氡效率的方法一般是将防氡材料涂刷在氡析出率较高的块状物体上，通过比较涂刷防氡涂料前后块状物体释放氡的能力得出防氡效率的大小。用防氡效率评价不同防氡材料性能优劣的前提是不同防氡材料必须涂刷在氡析出率一样的物体上，若涂刷的物体氡析出率大小不同，则不同防氡材料性能优劣的比较则没有可比性。为了统一防氡效率的定义，本规程以附录C中检测仪器集氡室与测量室内氡浓度来定义防氡效率。同时用防氡材料的有效扩散长度作为评价材料防氡性能优劣的参数，而不直接用防氡效率这一概念。

3 建设规划与工程勘察

3.1 建设规划阶段

3.1.1 “国家级氡监测与防治领导小组”的调查和国内外进行的住宅室内氡浓度水平调查结果表明：建筑物室内氡主要源于地下土壤、岩石和建筑材料，有地质构造断层的区域也会出现土壤氡浓度高的情况，因此，在进行城乡建设规划时有必要对区域性土壤氡浓度进行调查或者土壤表面氡析出率调查，并根据调查结果绘制区域性土壤氡等值线图，依据此区域性等值线图对土壤进行分类。

3.1.2 本条中提出的土壤类别达到四类的区域，其定义及范畴与本规程4.0.1表中相一致，土壤类别的划分按本规程4.0.1表中的依据进行划分。由于经济发展、城镇化不断扩大，需要在土壤类别为四类的区域建设Ⅰ类民用建筑时，应进行环境氡对建设项目室内环境的影响评价。如果环境氡对建设项目室内环境中氡浓度有较大影响的时候，有必要提出针对的处理措施并体现在环境影响评价报告中，政府规划管理部门根据环境氡结果及处理措施作出相应审批。对于没有有效降低环境氡对室内氡影响的措施，不应审批通过。

3.2 工程勘察阶段

3.2.1 本条对建筑工程小区或连体建筑的土壤氡浓度调查作出规定。对于建筑工程小区或连体建筑测量布点应覆盖所有单体建筑。因为氡气在土壤中有一定的扩散距离，如果测量布点不能覆盖所有单体建筑，则不能完全反映土壤氡对建筑室内氡的影响。

4 设　计

4.0.1 本条要求“新建、扩建的民用建筑工程应依据土壤氡浓度或土壤表面氡析出率的检测结果并按本规程中表4.0.1的要求进行氡防治工程设计”，是对国家标准《民用建筑工程室内环境污染控制规范》GB 50325—2010（2013版）中第4.2.4、4.2.5和4.2.6条的具体化。在具体实施中，为了保证本条要求得到落实，有关部门在进行工程结构设计图审查时，需调阅工程勘察阶段的前期工作资料，了解工程地点的土壤氡浓度情况，审查工程设计中是否按规程表4.0.1要求落实了防氡降氡要求。

建筑物室内氡除了主要源于地下土壤和岩石以外，另一个主要来源就是建筑材料，除了砌块材料，混凝土、石材、墙地面砖等材料所释放的氡气都可能导致室内氡浓度超标，所以防治建材氡不仅是针对墙体，也包括天棚和楼地面。

本规程根据土壤氡浓度或土壤氡表面析出率的大小对土壤进行了分类，共分为四类土，其限量分别为：一类土土壤氡浓度小于或等于20000Bq/m^{3}或土壤氡表面析出率小于或等于0.05Bq/（m^2·s）；二类土土壤氡浓度大于20000且小于30000Bq/m^{3}或土壤氡表面析出率大于0.05且小于0.1Bq/（m^2·s）；三类土土壤氡浓度大于或等于30000且小于50000Bq/m^{3}或土壤氡表面析出率大于或等于0.1且小于0.3Bq/（m^2·s）；四类土土壤氡浓度大于或等于50000Bq/m^{3}或土壤氡表面析出率大于或等于0.3Bq/（m^2·s）。其依据是：

1 从郑州市1996年所做的土壤氡调查中，发现土壤氡浓度达到15000Bq/m^{3}上下时，该地点地面建筑物室内氡浓度接近国家标准限量值；土壤氡浓度达到25000Bq/m^{3}上下时，该地点地面建筑物室内氡浓度明显超过国家标准限量值。我国部分地方的调查资料显示，当土壤氡浓度达到50000Bq/m^{3}上下时，室内氡超标问题已经比较突出。从这些材料出发，考虑到不同防氡措施的不同难度，将采取不同防氡措施的土壤氡浓度极限值分别定在20000Bq/m^3、30000Bq/m^3、50000Bq/m^3。

2 在一般数理统计中，可以认为偏离平均值（7300Bq/m^3）2倍（即14600Bq/m^3，取整数10000Bq/m^3）为超常，3倍（即21900Bq/m^3，取整数20000Bq/m^3）为更超常，作为确认土壤氡明显高出的临界点，符合数据处理的惯例。

3 参考了美国对土壤氡潜在危害性的分级：1级为小于9250Bq/m^3，2级为（9250～18500）Bq/m^3，3级为（18500～27750）Bq/m^3，4级为大于27750Bq/m^3。

4 参考了瑞典的经验：高于50000Bq/m^{3}的地区定为“高危险地区”，并要求加厚加固混凝土地基和地基下通风结构。本规程将必须采取严格防氡措施的土壤氡浓度极限量定为50000Bq/m^3。

5 参考了俄罗斯的经验：它们将45年内积累的1亿8千万个氡测量原始数据，以50000Bq/m^{3}为基线，圈出全国氡危害草图。经比例尺逐步放大后发现，几乎所有大范围的室内高氡均落在50000Bq/m^{3}等值线内，说明50000Bq/m^{3}应是土壤（岩石）气氡可能造成室内超标氡的限量值。

我国南方部分地区地下水位浅（特别是雨季），难以进行土壤氡浓度测量。有些地方土壤层很薄，基层全为岩石，同样难以进行土壤氡浓度测量。这种情况下，可以使用测量氡析出率的办法了解地下氡的析出情况。实际上，土壤对室内氡影响的大小决定于土壤氡的析出率。我国目前缺少土壤表面氡析出率方面的深入研究，本规程中所列氡析出率方面的限量值及与土壤氡浓度值的对应关系均是粗略研究结果。待今后积累更多资料后，将进一步修改完善。

根据以上土壤分类，本规程对设计提出相应的设计要求。对于一类土场地，其土壤氡对室内氡浓度影响较小，可不采取工程措施。对于二类土场地，土壤氡对室内氡浓度影响已经很明显，应采取建筑物底层地面抗裂及封堵不同材料连接处、管井及管道连接处等措施。对于三类土场地，除采取二类土场地的措施以外，还应对基础进行一级防水处理，这样既可以防氡，又可以防地下水，事半功倍，降低成本。而且，地下防水工程措施有成熟的经验，可以做得很好。对于四类土场地，土壤氡对室内氡浓度影响非常突出，单靠一种构造措施很难达到防治氡的目的，故应采取多种综合的构造措施，在4.0.6条中根据不同的建筑形式有详细的阐述。

4.0.3 通过大量调研国内外关于氡检测及防治的相关资料，土壤氡对建筑的影响主要集中在3层以下，3层及3层以上土壤氡对室内氡水平的影响甚微，而建筑材料中的氡对建筑的影响涵盖了建筑的全部空间，所以本规程规定3层以下要同时进行土壤氡和建筑材料氡的防治，3层及以上可只进行建筑材料氡的防治。

4.0.4 本条对Ⅰ类民用建筑工程的工程场地为四类土壤时做了特殊规定。土壤氡来自土壤本身和深层的地质断裂构造两方面，因此，当土壤氡浓度高到一定程度时，须分清两者的作用大小，此时进行土壤天然放射性核素检测是必要的。对于Ⅰ类民用建筑工程而言，当土壤的放射性内照射指数（I_{Ra}）大于1.0或外照射指数（I_{γ}）大于1.3时，原土壤再作为回填土已不合适，而采取更换回填土的办法，简便易行。故Ⅰ类民用建筑工程要求采用放射性内照射指数（I_{Ra}）不大于1.0、外照射指数（I_{γ}）不大于1.3的土壤作为回填土使用。

4.0.5 工程场地土壤为二类、三类土壤时，土壤氡对室内氡浓度影响非常显著，土地面、砖地面对土壤氡不能起到隔绝的作用，会直接导致室内氡水平超标，混凝土地面会将暴露的土壤覆盖起来，可以起到阻止土壤氡进入室内的作用，同时必须做好防裂措施，防止氡从裂缝或不同材料连接间隙进入室内。

4.0.6 工程场地土壤为四类土时，最好的方法是将一层架空，这样土壤中析出的氡散发到空气中，无法进入室内。这种方式比较适合非采暖地区，一层架空的同时可以为建设项目提供开敞的空间，可以用于休闲、绿化和停车，提升空间品质。但在采暖地区这样做增大了体形系数，增加了散热面不利于节能，应慎用。

其他不同建筑形式无论哪种都应采取封堵氡进入室内通道的措施，这些通道包括暴露的土壤、与土壤连接的排水沟、管道、地漏，地板、墙面的裂缝及管道周边的孔隙。用于封堵的密封材料必须与混凝土等材料具有良好的粘接性能，同时具有良好的延展率等性能并应长期有效，故要求封堵材料符合相关标准及规范的性能指标要求。

四类土场地土壤氡浓度很高，所以要求与土壤氡接触的墙体及地面应采用防氡涂料墙面和防氡复合地面。另外，通风可以有效降低室内氡浓度，小型通风换气机比较适用于无中央空调的小空间，而地下室采用机械通风系统同样可以达到降低室内氡浓度的目的。

对于没有地下室的建筑地基与一层之间应设隔离构造措施阻止土壤氡进入室内。隔离构造有以下三种：设空气隔离间层、设膜隔离层以及土壤减压法。

空气隔离间层是通过自然通风的方法降低土壤氡溢出土壤后的浓度，以减少土壤氡进入室内的数量。为保证隔离间层通风畅通，要求间层内部及四周均设有通气口，不能形成封闭空间。这种设计方法在我国很多地区均有采用，原本的目的是为了防潮，但这种构造同时对防氡也有很好的效果，一举两得。

膜隔离层在国外一些国家如英国、瑞典、捷克、加拿大等国家采用的比较多，尤其是在英国被大量的推广使用，但国内很少采用。鉴于这种方法造价比较低，且施工比较简单，故将以下几个国家的使用情况及技术要求进行简要介绍，以便在国内的使用中得以应用和推广。

1 捷克的技术要求：

1）防氡膜应具有耐久性，其使用寿命与建筑寿命相等。因为，防氡膜铺设于地下，未来的保养和维修工作几乎是不可行的，保养维修工作复杂且费用昂贵。

2）防氡膜必须能抵抗土壤中微生物及化合物引起的腐蚀。

3）防氡膜必须能承受建筑物的挤压，具有一定的延展率不容易被刺穿，防氡膜之间应光滑以减少膜之间的摩擦力引起破坏。

4）防氡膜首选简单的材料（塑料铝膜），边缘的连接处、管道等应密封完好，具有良好的气密性，应形成完整的防氡系统。

5）防氡膜不得应用在温度低于5℃的地方，因为有些材料在这样的情况下难以密封。

6）防氡膜的氡扩散系数应在$5\times10^{-12}m^2/s\sim1\times10^{-11}m^2/s$。

2 瑞典的技术资料：

防氡膜由一种特殊的塑料和弹性复合体。此复合体结构非常紧凑可以防止氡气渗透。

加强防氡膜由聚酯膜组成弹性、耐刺穿、涤纶面膜，其下方铺设防腐的玻璃纤维，并且加上铝膜构成一个屏障，可防止氡气穿透。

在防氡膜表面需要涂刷滑石粉，以利于其迅速铺开。膜与膜的连接通过重叠焊接实现。

在潮湿的地面或者靠近水的含水层，防氡膜可以作为防水系统中的一层。

3 英国的技术要求：

防氡膜的铺装应延伸至建筑外墙，可以保持较好的气密性和防止湿气进入室内，连接处要考虑可靠的搭接和粘结。防氡膜表面需要进行平滑处理，在防氡膜上应铺设保护层，防止被高处坠落物体或尖锐物体损坏。同时，对防水、防潮、保护膜、防治漏气等细节进行了详细的规定。

土壤减压法在国外也是一种普遍采用的氡防治措施，在附录A进行了详细的介绍。

4.0.7 人员经常停留使用的地下空间除采取一级防水处理和抗裂构造，还必须采用机械通风系统，实践证明采用封堵的方法有时候还是不能完全阻止氡进入室内，或者随着使用时间的推移封堵措施很可能会失效，而通风是降低室内氡浓度的最有效手段。

4.0.8 经过实验和计算，通风换气次数满足现行国家标准《民用建筑供暖通风与空气调节设计规范》GB 50736 的有关规定的建筑物，室内氡浓度一般都能满足本规程限量指标的要求。

4.0.9 考虑Ⅰ类民用建筑的主要使用人群为未成年人及老人，对于长期关闭门窗使用的空间，提出必须使用机械通风换气的要求。

4.0.11 目前国际上很少有对建筑材料的析出率提出限量，现行国家标准《民用建筑工程室内环境污染控制规程》GB 50325 中对加气混凝土和空心率（孔洞率）大于 25% 的建筑材料提出 0.015Bq/（m^2·s）即 54.0Bq/（m^2·h）的限量。但建筑材料氡是室内氡的主要来源之一，本规程编制过程中通过对建筑墙体材料的检测和计算，确定其析出率的限量为 0.01Bq/（m^2·s），比现行国家标准《民用建筑工程室内环境污染控制规程》GB 50325 限量更为严格。

4.0.12 防氡复合地面的防氡涂层基面应平整密实，涂刷厚度及道数应根据检测浓度及材料性能确定，防氡涂层应做保护层，可防止被刺穿并延长使用寿命。

4.0.13 氡有效扩散长度是建筑防氡材料最重要的指标，这个指标是确保防氡材料有效防治室内氡浓度超标的保证。由于防氡材料的氡有效扩散长度测量在国内进行的较少，且标准测量方法还不够成熟，为此本规程先提出了在工程中的指标，然后在附录中给予相应的测量方法。

4.0.14 防氡涂料的打底腻子应具有一定的张力，而弹性腻子正符合这一要求，墙面缝隙在受温度、湿度、外力等影响变形在一定范围时，弹性腻子可随之改变，墙面不会出现缝隙，减小对附着其上的防氡涂料的影响。

5 施 工

5.1 防土壤氡施工

5.1.2 基础底板防裂措施：

1 后浇带宜用于不允许留设变形缝的工程部位，后浇带应在其两侧混凝土龄期达到 42d 后再施工，后浇带应设在受力和变形较小的部位，其间距和位置应按结构设计要求确定，宽度宜为 700mm～1000mm。

2 在基础底板表面铺设钢丝编织网时，编织网之间要有可靠的搭接，其搭接宽度不得少于 100mm。

3 本条参照现行国家标准《混凝土外加剂应用技术规范》GB 50119 的有关规定进行施工。

5.2 防氡涂料施工

5.2.2 抹灰前用笤帚将顶、墙面清扫干净，如有油渍或粉状隔离剂，应用10%火碱刷洗，清水冲净，或用钢丝刷子彻底刷干净。抹灰前一天，墙、顶应浇水湿润，抹灰时再用笤帚淋水或喷水湿润。剔除顶棚缝灌缝混凝土凸出部分及杂物，然后用刷子蘸水把表面残渣和浮尘清理干净，刷掺用水量10%的108胶水泥浆一道，紧跟抹1∶0.3∶3混合砂浆将顶缝抹平，过厚处应分层勾抹，每层厚度宜为5mm~7mm。当抹灰层厚度大于35mm应采取在抹灰层中加设钢丝网加强措施。

5.2.3 批刮弹性腻子之前清除基层表面粉尘、油污、锈迹等，确保墙面清洁，检查基层牢固度，疏松、空鼓部分应予以铲除，墙面明显突出部位的砂浆疙瘩，应打磨平整；对于吸水性强、比较疏松的基层，应用高渗透性封底界面剂处理，进行封闭和加固。

施工时弹性腻子满批2道~3道，第一道以修补为主，第一道满批，要求批刮平整，不漏底。为避免腻子收缩过大，出现开裂和脱落，一次刮涂不宜过厚，根据不同腻子的特点，厚度以0.5mm~1mm为宜，腻子总厚度一般不超过3mm为宜，刮涂时掌握好刮涂工具的倾斜度，用力均匀，以保证腻子饱满度。

内墙弹性腻子的粘结强度应符合现行行业标准《建筑室内用腻子》JG/T 298的相关规定。

5.2.4 防氡涂料涂刷时，应待腻子层实干后方可进行涂刷涂料，一般批刮最后一道腻子后，需要24h（25°C）方可实干。

涂刷防氡涂料前，基础含水率不得大于8%，对于局部湿度较大的部位，可采用烘干措施进行烘干，刷浆时，要求做到颜色均匀、分色整齐，不漏刷、不透底。最后一道刷浆完毕后，应加以保护，不得损伤。

5.3 防氡复合地面施工

5.3.1~5.3.3 防氡复合地面施工应在墙面防氡涂料施工完毕后再进行施工，为保证良好的气密性，防氡地面要与墙面防氡涂料有可靠的交接，第一道防氡涂料施工完毕待24h（25℃）后充分干燥完成，方可进行第二道防氡涂料施工（每道施工厚度不得超过150μm），两道涂层间的接缝应错开，为保护好地面防氡涂料不被损坏，应做砂浆或混凝土保护层，保护层厚度不应小于15mm，进行保护。

6 验　收

6.0.1 本条对Ⅰ类建筑中的幼儿园、中小学教室和学生宿舍及老年建筑验收时提出了更高要求，即不大于100Bq/m^3。之所以提出更高要求，考虑了以下两方面情况：

(1) 世界卫生组织（WHO）2009 年发布的《室内氡手册》建议将室内氡的年均浓度定为不大于 100Bq/m³，我国国家标准《住房内氡浓度控制标准》GB/T 16146 也已提出室内氡浓度“目标水平”为年均浓度不大于 100Bq/m³，因此，将幼儿园、中小学教室和学生宿舍及老年建筑的室内氡浓度限量值确定为 100Bq/m³比较合适，同时也代表了我国“十二五”规划建设小康社会的发展方向。(2) 2007 年～2010 年全国 10 城市住宅建筑物的室内氡浓度综合调查（涉及人口 4000 万上下）结果表明：我国住宅室内氡浓度全年平均值在 36.1Bq/m³上下，范围在 10Bq/m³～203Bq/m³之间；根据调查，在居民正常生活条件下，住宅室内氡浓度超过 100Bq/m³的占被调查总户数的 3.3%；超过 150Bq/m³的仅占被调查总户数的 1.0%；超过 200Bq/m³ 的仅占总户数的 0.14%。因此，可以预计，本规程将幼儿园、中小学教室和学生宿舍及老年建筑的室内氡浓度限量值确定为 100Bq/m³后，不会出现大量这类建筑竣工验收时超标，难以交付使用的情况。

6.0.2 空气中氡的检测方法有多种，对于民用建筑工程的验收检测来说，由于检测工作量大，时间要求急，有的检测方法不太适用，因此，本规程只要求所选用的方法的测量结果不确定度不应大于 25%，方法的探测下限不应大于 10Bq/m³。检测方法的使用及具体要求内容多，不宜放在本规程正文里，另见现行国家标准《民用建筑工程室内环境污染控制规程》GB 50325—2010（2013 版）附录 A 与附录 E。

6.0.3 民用建筑工程验收时，抽检房间数比例与现行国家标准《民用建筑工程室内环境污染控制规程》GB 50325 一致，但对于工程场地土壤氡浓度大于 20000Bq/m³（或土壤表面氡析出率大于 0.05Bq/m²·s）以及墙体材料使用加气混凝土、空心砌块、空心砖及工业废渣（粉煤灰、矿渣等）的建筑工程的情况，考虑到土壤氡对室内影响较大以及加气混凝土、空心砌块、空心砖及工业废渣（粉煤灰、矿渣等）氡的析出率较高，因此，提出“抽检房间比例提高到 10%，一楼不低于 40%，对于有连通地下室的别墅，地下室必检”等要求是必要的。

6.0.8 当采用自然通风的民用建筑室内环境氡浓度检测结果不符合本规程的规定时，须进行确认检验。这是因为本规程 6.0.1 条表 6.0.1 中的Ⅰ类、Ⅱ类民用建筑工程氡浓度限量是指室内的年平均氡浓度，而实际检测对于采用自然通风的民用建筑工程按本规程第 6.0.7 条关闭对外门窗 24h 后进行，此时测量所得的氡浓度是室内最高的氡浓度。如果测量结果符合本规程规定，则室内的年平均氡浓度肯定小于第 6.0.1 条的氡浓度限量。如果测量结果不符合本规程规定时，其室内的年平均氡浓度仍然有可能小于第 6.0.1 条的氡浓度限量，所以，此时须进行确认检验。

确认时，考虑到初次检测的短时间性（一般 1h 左右）以及关闭门窗检测与实际情况（人时进时出，门窗时开时闭）的差别，工作须分两步进行：第一步，延长测量时间，在对外门窗关闭状态下进行连续 24h 测量，以 24h 平均值作为测量结果。如果仍然超标，应检测被测房间对外门窗关闭状态下的换气次数，并按第 2 款开展下一步工作；第二步，根据监测结果和实测的换气次数换算出房间正常使用情况下（换气次数为每小时 0.3 次）的氡浓度。如果符合本规定的规定，可评定合格；如果仍然超标，可判定该房间不符合本规程的规定。

第二步根据监测结果和实测的自然通风换算出房间正常使用情况下（换气次数每

小时 0.3 次）氡浓度的主要原因是：根据世界卫生组织《室内氡手册》、现行国家标准《住房室内氡浓度控制标准》GB/T 16146、现行国家标准《民用建筑工程室内环境污染控制规范》GB 50325 以及本规程第 6.0.1 条室内氡浓度限量，室内氡浓度控制的是年平均室内氡浓度值。对于工程验收来说不可能做一年的长期监测，实际工程验收时间要求很短，只能根据监测结果和实测的换气次数换算到正常使用情况下的室内平均氡浓度。根据调查，居民在天气良好情况下一般都有不同程度的开窗习惯，住宅在正常使用条件下，平均换气次数约为每小时 0.3 次，所以根据检测结果和实测的自然通风换算出房间正常使用情况下（换气次数每小时 0.3 次）的氡浓度可以判定房间是否超标。

6.0.9 本条是现行国家标准《民用建筑工程室内环境污染控制规程》GB 50325—2010（2013 版）中第 6.0.2 条的具体化。如果工程未做样板间，则可不提供样板间室内氡浓度检测报告。

7 室内氡治理

7.1 一 般 规 定

7.1.2 建筑物降氡改造应遵循辐射防护最优惠原则。氡浓度超标不严重或季节性超标的情况，宜采用通风、屏蔽氡源、净化吸附或过滤氡子体等成本较低的临时性降氡措施。氡是单原子惰性气体，氡气的分子直径只有 0.46nm，很容易从土壤或建材中释放出来。氡气没有颜色和味道，只有通过检测装置才能够测量到，因此，房屋的降氡改造要在专业人员指导下，才可能达到预期的效果。

7.2 氡来源勘测

7.2.1 复核本规程第 6.0.9 条要求的土壤、建筑材料和室内氡浓度检测报告及地质勘察等相关资料。高天然辐射背景地区或土壤氡浓度≥30000Bq/m^3 的地下室和 3 层以下的房间重点考虑土壤氡的渗入；3 层及以上的房间主要考虑墙体材料氡的析出。

7.2.2 实地勘察的目的是寻找室内氡浓度增高的原因，通常氡的室内源项有地基土壤、建筑材料、地下水、天然气等。房间过于密闭则提供了氡气聚集的有利条件。另外，寒凉季节导致的室内外温差增加而形成的负压，会提高建筑物表面氡的析出率。

7.2.3 氡来源可疑点需要采用时间响应快的仪器进行探测。选择房间中心区作为参照点，采气管放在距离地面 1m 以上的位置，以防地面氡气的干扰。仪器按设定程序进行测量，测量周期通常只有 5min，取 3 次测量的均值。通过与参照点测值的比较，确定建筑物中氡气的释放点。

7.3　室内氡治理措施

7.3.1　自然通风：自然通风是利用室外新鲜空气稀释和驱除室内含氡空气的过程，是最简单、最方便和成本最低的降氡方法。一般的住宅，室内日均自然空气交换率约为每小时0.2次~0.5次。采用节能技术修建的新型住宅的密封性较好，自然空气交换率降低到每小时0.1次。经常开窗，可以增加室内空气流通，稀释包括氡气在内的室内污染物。

选择一超标住宅观测了不同开窗时间的降氡效果（表1），开窗大于2h，室内氡浓度降低大于80%。开窗的时间和频率可参照本规程附录D选择。

表1　开窗时间与降氡效果

开窗通风时间（h）	$C_{\mathrm{Rn开窗期间}}$（Bq/m³）	$C_{\mathrm{Rn日均}}$（Bq/m³）	$\gamma_{开窗期间}$（%）	$\gamma_{日均}$（%）
0	—	264	—	—
2	63.0	217	76.1	18.0
4	51.5	205	80.5	22.5
8	38.5	179	85.4	32.2
24	42.4	42.4	84.0	—

注：γ 氡浓度降低率。

使用附录D需要知道房间的空气交换率，空气交换率的测量方法比较复杂，也可通过室外平均风速估算出房间的空气交换率。

根据目前室内污染的调查资料，室内空气质量与室内每天平均换气次数有直接的关系。室内每天平均换气次数应该包括2种状态，既静态换气次数（门窗关闭）和通风换气次数（门窗开启）之和。其表达式为公式：

$$H_{\mathrm{p}} = \frac{H_j \cdot T_j + H_{\mathrm{D}} \cdot T_{\mathrm{D}}}{24} \tag{1}$$

式中：H_{p}——室内平均换气次数（次/h）；

H_j——室内静态换气次数（次/h）；

T_j——门窗关闭时间（h）；

H_{D}——室内通风换气次数（次/h）；

T_{D}——门窗开启时间（h）。

北京地区窗关闭时室外主风平均风速与换气次数关系如下：

$$H_j = 0.00822X^3 - 0.1123X^2 + 0.6899X - 0.2393 \tag{2}$$

式中：H_j——室内换气次数（次/h）；

X——室外平均风速（m/s）。

净化除氡：净化除氡技术是通过吸附氡气或过滤悬浮在空气中的氡子体来降低氡的危害。对于后者曾受到争议，其焦点是空气中的氡子体以结合态与未结合态两种形式存在，过滤器收集到的是气溶胶和结合到气溶胶上的氡子体，而气溶胶浓度降低可能会导致未结合态氡子体浓度增高。同等浓度未结合态氡子体的剂量转换系数是氡气和结合态氡子体的800和16倍。虽然大量结合态氡子体被过滤掉，由于未结合态氡子体浓度增高，对人体的实际剂量可能没有降低。采用活性碳吸收氡气，需要的量非常大，很难长期使用。因此，1990年美国EPA颁布的《住宅空气净化器》（Residential Air Cleaning Devices）中指出：不赞同将空气净化器作为减少氡衰变产物的方法，因该方法在减少氡引起的危险度的有效性方面未得到证实。同时，也指出现有的证据还不能禁止空气净化器使用。欧盟1995年出版《室内空气质量对人的影响：室内氡》（Europe commission. Indoor air quality and its impact on man，Report No15，1995. Radon in indoor air）中基本接受了EPA的观点，但认为对于氡主要来源于建筑材料的建筑物可能会有效果。以往EAP提出的观点是基于理论计算和逻辑推理，由于未结合态氡子体测量技术复杂，未得到实验证实。1992年，美国Li C. S，Hopke P. K. 率先研究了空气过滤系统对室内普通粒子源的影响，采用自动半连续式活性加权粒度分布测量系统，测量项目包括氡浓度，凝结核，氡衰变产物活度粒径分布。结果证明空气净化可作为降低独立式结构房屋氡子体所带来的风险一种手段。美国核物理学家Steck博士也认为滤网上吸附的微粒应该包括结合态氡子体和未结合态氡子体，因此空气净化器应该能够降低氡衰变产物和有效剂量。日本对市售的空气净化器进行了测试，结果显示气溶胶过滤率2次/h，氡剂量可减少30% ~50% 。我国工程兵研制的空气净化系统降低结合态和未结合态氡子体的比率分别超过90%和80% 。考虑到我国室内氡的来源很大部分来自建筑材料，因此，这里推荐了净化除氡的技术。

附录A　建筑材料氡析出率测定

A. 0. 1 ~ A. 0. 3　本附录参照了现行国家标准《民用建筑工程室内环境污染控制规范》GB 50325有关规定，并参考了大量文献以及借鉴了大量实验的结果制定了建筑材料氡析出率检测方法。

对于建筑材料氡析出率测量，早些年不同的科学家提出了多种建筑材料氡析出率测量方法，如活性炭法、密闭腔体法、固体径迹法等等，市面上也出现了专门的氡析出率测量仪。

但是，建筑材料氡析出率的测量方法一直比较模糊。无论是土壤还是建筑材料氡析出率测量，都主要分两个步骤来完成：一是析出氡气体的收集，二是析出氡气体浓度的测量。

析出氡气体的收集主要分为动态收集和静态收集，前者是采用不含氡的载体气体将累积腔中的氡携带出来测量；后者是让氡在累积腔中静态增长，通过测量累积腔中的氡浓度来计算得到析出率。目前，绝大多数方法采用静态累积法收集析出的氡气体。

而累积腔通常又可以分为半密闭和全密闭。前者像一个锅盖，罩在测量介质表面，常称“累积盖法”；后者则是一个全封闭结构，介质样品放入腔体内进行氡浓度的累积，常称“密闭腔体法”。

析出氡气体浓度的测量方法和普通的氡浓度测量方法没有什么不同，目前，主要应用的是活性炭法、固体径迹法和连续式测氡仪法等等。其中前两者是静态测量，即通过测量累积腔内的平均氡浓度，给出介质析出率的平均值；后者是动态测量，即通过测量累积腔内的氡浓度增长曲线，给出介质析出率值。

不同的累积方法和氡浓度测量方法组成了不同的建筑材料氡析出率测量方法，不同的方法使用范围和优缺点都非常明显。由于建筑材料样品通常规格不同，需要先将建筑材料切割成规格大小一致的样品，综合考虑泄露和反扩散的影响，选择密闭腔体法收集，连续式测氡仪进行测量。前者保证了密封性的问题，后者保证了测量精度和反扩散的修正。

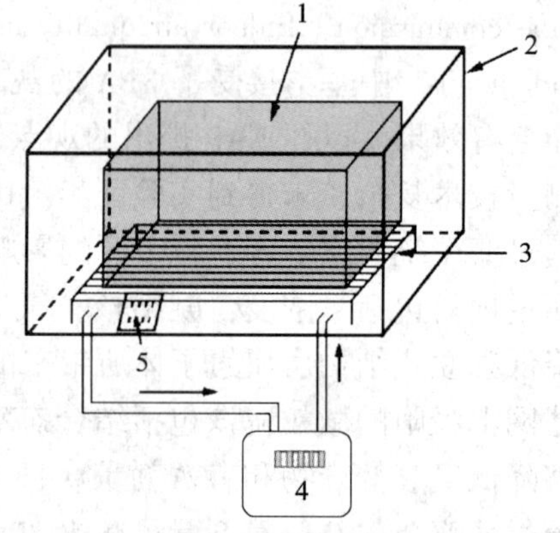

图1　建筑材料氡析出率测量示意

1—待测试件；2—测试舱；3—支架；4—测氡仪；5—温湿度计

本规程中综合考虑文献、实验及实际应用中检测数量和检测难度，选取了密闭腔体法测量建筑材料表面氡析出率（图1）。具体考虑了建筑材料含水率、规格、环境温度和湿度等对建筑材料氡析出率测量过程中的影响，制定了建筑材料氡析出率测量的标准方法。

本规程主要选用了建筑施工中常用的建筑主体材料加气混凝土砌块和空心砌块作为实验的主要对象，研究了在不同含水率、环境温度、环境湿度以及不同规格尺寸情况下的氡析出率变化情况。

对于不同含水率（0%、1%、5%、10%、20%、25%、30%、35%、40%和46%）的加气混凝土砌块，其氡析出率分别为0.068、0.275、0.482、0.626、0.828、0.941、1.10、0.927、1.14、1.10Bq/（m^2·h）。实验结果表明：加气混凝土试块表面的氡析出率随着加气混凝土试块含水率的增加而增加，并呈对数增长关系。

不同环境温度（18、20、24、28、30℃）时，加气混凝土砌块氡析出率分别为：0.897、0.903、0.920、0.922、0.899、0.908Bq/（m^2·h）。实验结果表明：在温度为18℃~30℃时，加气混凝土试块氡析出率基本恒定，变化微小。

不同环境湿度（60%、70%、80%、86%、100%）时，加气混凝土砌块氡析出率分别为：0.692、0.702、0.697、0.693、0.668Bq/（m^2·h）。实验结果表明：在加气混凝土砌块含水率变化微小时，加气混凝土砌块氡析出率随湿度的变化较小。但是当改变环境湿度时，建筑材料的含水率受环境湿度影响发生改变时，其建筑材料的氡析出率会发生较为显著的变化。

材料尺寸对建筑材料氡析出率的影响主要体现为建筑材料总体积不变的情况下，其单位时间内的氡析出率总量保持不变，而随着加气混凝土试块表面积增加，其表面氡析出率不断减小。另外，测试舱中放入多块相同样品时，被测样品的氡析出率保持不变。放入多块样品时可以提高样品的测量计数，有利于提高测量精度。

获得以上实验结果后，在制定建筑材料相关参数时还需要考虑实际检测过程中的检测难度。对于建筑材料规格尺寸，由于建筑材料氡析出率测量时，测试舱内材料的体积较大时，被测样品的测量计数较多，可以提高测量的精度；同时考虑到含水率、环境温度湿度的控制，体积不能过大。综合考虑加气混凝土砌块的尺寸大小控制为200mm×200mm×200mm，被测数量确定为四块；由于空心砌块易碎，不便切割，只能以原样品尺寸进行测量，数量定为两块。

对于建筑材料的含水率，调研资料显示表明加气混凝土砌块上墙含水率在10%左右，实验室测量的建筑施工时使用的加气混凝土砌块含水率也在10%左右，所以综合确定测量加气混凝土砌块氡析出率时其含水率为10%。而空心砌块上墙含水率在2%左右，为了保守起见（即所测空心砌块氡析出率小于本规程限量时，不会导致室内氡浓度超标；大于本规程限量时，仍然有可能不会导致室内氡浓度超标）测量空心砌块氡析出率时其含水率为5%。

对于环境温度及湿度，由于实验结果表明环境温度在18℃～30℃的范围内，温度对加气混凝土试块氡析出率的影响较小。但是稳定的外部环境对于检测是有利的，故仍然设置了一个温度范围即23℃±2℃，但是温度范围设置的较为宽松。另外，建筑材料氡析出率随湿度的变化影响较小，结合实验结果和文献描述可知环境湿度的改变主要通过改变建筑材料的含水率影响其氡析出率的变化。加气混凝土砌块、空心砌块含水率分别为10%、5%时，箱体内湿度一般为90%以上，如果控制湿度可能会导致样品的含水率下降，从而引起氡析出率的变化。所以对于环境湿度，建筑材料氡析出率标准测量方法中对环境湿度不做特殊规定，只做记录即可。

A.0.4 对于建筑材料含水率的控制方法，主要借鉴了现行国家标准《蒸压加气混凝土性能实验方法》GB/T 11969中对含水率的控制方法，采用烘烤后再加湿的手段达到湿度的准确控制。当建筑材料含水率需要控制为5%和10%时，可以先将待测试件放入烘烤箱中，在105℃的温度下烘烤至绝干（连续烘烤10h的时候，试件的质量变化小于0.5%），然后通过向建筑材料表面均匀喷洒水汽至待测含水率对应的重量。为了能让水分在建筑材料内均匀分布，需要放置一段时间，时间为1d～3d。

附录B 防氡涂料氡有效扩散长度测定

B.0.1 本附录参照了现行国家标准《民用建筑工程室内环境污染控制规范》GB 50325有关规定，并参考了大量文献制定了防氡涂料氡有效扩散长度的检测方法。

自防氡涂料出现后，就涉及防氡涂料的效果评价以及不同涂料防氡效果的比较问题，但对于涂料的防氡效果至今未形成统一的标准检测方法。

随着防氡涂料的广泛使用，人们对涂料的效果检测和评价的研究也越来越多，文献表明所谓的防氡是指某种材料的厚度达到其氡有效扩散长度的三倍或以上。反之，则无密封氡气的能力。所以若要明确一种材料在使用过程中是否可以达到防氡的目的，测量计算防氡涂料的氡扩散系数，通过氡扩散系数计算出材料的氡扩散长度，然后查询附录 C 中的表可以较为直观的判断材料在工程应用中是否有效防氡。但是此方法对于各向同性材料来说是适用的，而对于各向异性材料来说测量所得并非是其氡扩散长度，因为氡气在材料中的扩散并非均匀。为了统一各向同性和各向异性材料的测量方法，在这里引入“有效扩散长度”这一概念，即“当氡气的浓度减少至射气源氡气浓度的 1/e 时，该点离射气源的有效距离。”

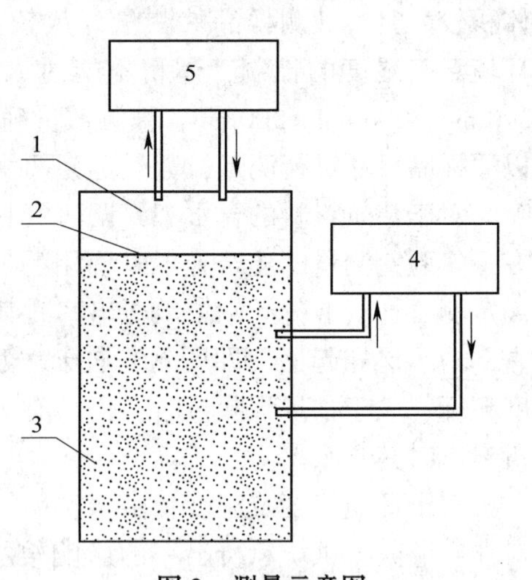

图 2　测量示意图

1—测量室；2—涂料层；3—集氡室；
4—测氡仪 A；5—测氡仪 B

利用图 2 所示原理，通过测量计算防氡涂料的氡扩散系数，计算出氡有效扩散长度，推算出不同防氡效率下的防氡涂料厚度。

经本规程编制组成员充分讨论，并广泛征集科研人员和实际工程人员的意见后，本规程决定采用计算防氡材料的氡有效扩散长度，通过查询附录 C 中的表来进行防氡涂料的效果评价。

B. 0. 2、B. 0. 3　由于国内对氡有效扩散长度的测量还处于起步阶段，较为成熟的实验装置及实验方法都不具备。为此，经本规程编制组成员充分讨论和征集业内人士意见后，对防氡涂料氡有效扩散长度的测量方法以及方法中的一些参数做出如下要求：

（1）本规程采用的方法是在一个高氡累积箱上放置涂刷在定性滤纸上的防氡涂料，然后在防氡涂料上方设计一个测量室，通过测量室内氡浓度来计算氡扩散系数，进而计算出氡有效扩散长度。此方法便于维持高氡积累箱中的氡浓度稳定，也便于操作和降低成本。

（2）高氡累积箱中的氡浓度要求稳定在 1×10^5 Bq/m^3。一般的墙体建筑材料在长期封闭的情况下，其内部的氡浓度低于 1×10^5 Bq/m^3；一般的土壤在长时间封闭的情况下，其内部的氡浓度也大约在 1×10^5 Bq/m^3 左右。为反映防氡涂料在实际工程中的防氡效果，测试过程中高氡累积箱中的稳定氡浓度数量级定为 1×10^5 Bq/m^3。滤纸对氡几乎没有阻挡作用，用滤纸作为防氡涂料成型的载体利于涂料的成型。为真实反映防氡涂料的效果和便于比较，在滤纸上涂刷防氡涂料时应按涂料的使用说明进行施工涂刷。

通过对集氡室和测量室内的氡浓度测量，计算出扩散系数 k，进而计算出氡有效扩散长度 l。为了验证此方法的合理性，说明氡有效扩散长度是防氡涂料的固有属性，进行了不同物质不同厚度氡有效扩散长度的测量。实验结果表明：相同物质不同厚度氡有效扩散长度测量结果一致，不同物质相同厚度的氡有效扩散长度是不同的。测量出氡有效扩散长度后，可以通过附录 C 中的表查询不同防氡效率的所需防氡涂料的厚度。

附录C　土壤减压法

C.0.1　土壤减压系统可以通过设置隔板产生一个负压区而防止氡进入室内。如果整个底板区域都是负压区那空气就会从建筑流向土壤，从而阻止土壤氡进入室内。

在一层楼板与土壤之间留出一个高度100mm~150mm左右的空间，并在此空间铺设粒径12mm~25mm的卵石或粒石，封堵各种裂缝和孔洞，采用风机排风使其处于负压状态，这个负压空间可以有效地阻止氡气从土壤进入建筑室内。

为了创造负压区，在板底下设置一个氡集气坑。然后用排气管道从坑里通到户外。在建筑外面的管道上设置排风机，在架空层形成一个负压区，系统是“主动式”的。若建筑中的空气压力较低则会造成建筑物周围的土壤中的氡气体进入建筑物内，土壤减压系统通过制造压差，使架空层气压低于室内气压，这种气压差阻止了土壤中的氡气进入建筑物内。

主动土壤减压系统也可以被简化运用，如果需要的话还可以再补充排风系统。对于室内空气氡含量有可能超标的新建筑，安装一个简化的系统是一种谨慎和必要的投资，可以减少运营费用。如果采用这种系统后的住宅仍存在氡含量过高的问题，那么再通过增加排风机这种低投入的措施就可以缓解这一问题。

C.0.2　图C.0.1中说明如何在一层楼板与土壤之间创造和扩充负压区域，使得空气从室内流向该区域。从而阻止土壤中的氡进入室内。含有氡的空气被管道吸出到室外，氡的浓度也就被稀释。

为使图C.0.1中负压区域更有效，应该在底板放置高渗透性的骨料。若选择的骨料渗透率低，或被地梁或地垄墙阻断，压力场将不能延伸到整架空层。设计时应使压力场延伸到整栋建筑一层楼板下面。为了确保压力场的适当延伸，应在板下铺装100mm~150mm厚的干净粗骨料。

在整栋建筑一层楼板下面铺装骨料的主要目的是为了稳定排气装置，在骨料下方则应铺设土工布可以阻止泥土和骨料混合，骨料上层也应该铺设一层土工布。虽然土工布不能为独立的氡屏障，但它能阻止混凝土渗入骨料层，从而保证骨料层的通透性。

C.0.3　在设计之初就定位地垄墙的位置是非常重要的，预先消除建筑的底板阻隔，将会大大减少防氡的成本。负压区通常会由地梁或地垄墙分隔成若干空间，需要在地梁或地垄墙上预留洞口或穿梁排气管，把被地垄墙分隔开的区域联系起来，减少气流流通障碍，其中洞口或排气管直径应为100mm±5mm，间距不应大于3m。

C.0.4　氡集气坑通过底板下的骨料层可以促进空气流通。由于排氡管的末端设在氡集气坑中的排气效率要比埋在骨料层中高很多，因此，在架空层中的适当位置构建一个宽1200mm×1200mm，深200mm的氡集气坑。氡集气坑暴露的最小骨料交界面面积约为排气管入口横截面面积的30倍时是非常有效的。排气管道应水平进入氡集气坑，集气坑应尽可能位于排氡分区中间的位置，垂直的排气管道不应随意设置，而应设置在最便于施工和使用的地方。

此外，排气管道应垂直于氡集气坑。新建住宅为设计者提供了更多选择，使氡集气坑设置更方便，覆盖在氡集气坑上面的底板，应进行适当的结构设计。

氡集气坑的位置应该设置在排氡分区中央的位置，处于中心位置的氡集气坑能够向四周提供更为均匀的压力。

C. 0. 5 氡防治方案中不打算密封各种裂缝时，垂直管道直径至少不应小于150mm，这种尺寸的管道是非常必要的。因为，在不密封的架空层中要得到与密闭架空层相同的低气压场，将需要更多的风量。

在管道的安装过程中，水平管道应至少保证1%的找坡，这点非常重要。如果水平管道没有找坡，管道中的积水会使氡气在其中富集，如果管道出现裂缝，富集了氡气的积水将会流入室内，从而导致室内空气氡含量超标。

整个排氡系统的任何一个环节遭到有意或者无意的破坏，都有可能造成严重的后果，因此，应该在排氡系统上作出足够的标识来防止类似的事情发生。在排氡管道上至少每10m设置一个标识，标识上应该能清楚的标识整个排氡系统的所有组成，以确保建筑未来的使用者不移动或拆卸该系统。在屋顶的出口以及排气管上应附上永久的警示标签，如“该气体可能包含高浓度的氡，在7.5m的范围内不应设置窗口或通风口”。

C. 0. 6 建筑场地为四类以下的土壤氡可在施工时预留电源及其他管线，建筑物使用后若室内氡含量超标，则可直接增加风机，将被动式土壤减压系统改造为主动土壤减压系统。防水电器开关应放在风机附近，以确保在维修时系统处于关闭状态。为防止土壤减压系统排出的高浓度的氡气进入建筑物室内，排气管末端应距离最近的进气口或窗口7.5m以上。

C. 0. 7 预警系统应包括一个电子压力传感装置，当系统压力降低时，它会激活警示灯或声响报警。除了风机运行外的情况外，还有一些因素可以妨碍排氡系统有效的运行，风机运行正常时，排氡系统未必能正常工作，因此，建议安装空气压力报警器，而不是那种由风机运行状况来决定是否报警的装置。报警装置应安装在一个经常有人查看的区域。住宅小区可将报警装置安放在24h有人监控的值班室内；独栋别墅可将报警装置安放在电子门禁系统旁，以便日常查看。

C. 0. 8 应封堵底板与负压区之间的孔洞、裂缝、不同材料连接处、管井或管道周边空隙以防止室内的空气渗入架空层中的低压区域，从而保证低压区的压力低于室内压力、减少风机的工作时间，从而延长排氡系统的工作寿命、降低系统的运行成本。

附录D 排氡换气次数简表

D. 0. 1、D. 0. 2 本附录参考现行国家标准《地下建筑氡及其子体控制标准》

GB 16356，对其中的计算和相关参数进行了修改，并建立实验房进行了相关的验证。

当室内氡浓度出现超标的情况时，采用通风降氡是一种控制氡的经济而有效的方法。通风换气的方法，即通过引入室外低氡浓度的新鲜空气来稀释和带走室内的氡及其子体，是室内氡浓度降低和保持在标准所要求的范围内的一种技术措施。

排氡换气次数简表计算的总体思路是：以房间密闭 24h 后的室内氡浓度值 C_1 为变量，通风后室内平衡氡浓度降至 $100Bq/m^3$、$200Bq/m^3$ 或 $400Bq/m^3$ 以下为目标，来考察室内氡浓度值与换气次数之间的关系，并计算通风所需时间。

在没有通风情况下，室内氡浓度随时间的关系满足下述微分方程：

$$\frac{dC}{dt}=\frac{J_0 \cdot S}{V}-\lambda C-\lambda_1 C-\lambda_2 C \tag{3}$$

式中，等式右边第一项是建材的氡析出率项，第二项是氡的衰变项，第三项是房间的氡泄露项，第四项是实验房内氡浓度的增加导致往建材内的扩散项。C 为室内氡浓度、J_0 为室内平均氡析出率、S 为房间内面积、V 为房间体积、λ 为氡衰变常数、λ_1 为房间的漏气率、λ_2 为反扩散系数。

令 $\lambda^*=\lambda+\lambda_1+\lambda_2$，并设室内的本底氡浓度为 $C_{外}$，则解方程（3）可得积累时间 t 后室内氡浓度为：

$$C=\frac{J_0 S\ (1-e^{-\lambda^* t})}{\lambda^* V}+C_{外}\ e^{-\lambda^* t} \tag{4}$$

在知道 C（房间密封 24h 后室内氡浓度大小）、$C_{外}$、λ^*（根据实验给出的经验值）、S、V 和 t（24h）的情况下，可以得出房间内的平均氡析出率 J_0。得出 J_0 后，假设在无通风和有通风的情况下，房间内的平均氡析出率不发生改变（实际情况下会有所改变，但对于民用建筑来说此数值变化不大）。

在通风情况下，假设在通入新风的初始时刻，室内氡浓度为 C_1，新风中的氡浓度为 $C_{外}$，新风换气次数为 η，由上述已经算出房间内的平均氡析出率 J_0，则室内氡浓度与换气次数的关系可以满足下述微分方程：

$$\begin{aligned}\frac{dC}{dt}&=-\lambda C-\lambda_1 C-\lambda_2 C+\frac{J_0 S}{V}+f\eta\ (C_{外}-C)\\&=-\ (\lambda+\lambda_1+\lambda_2+\eta)\ C+\ (\frac{J_0 S}{V}+f\eta C_{外})\end{aligned} \tag{5}$$

则：

$$C=\frac{J_0 S+f\eta V C_{外}}{V\ (\lambda^*+f\eta)}+\left(C_1-\frac{J_0 S+f\eta V C_{外}}{V\ (\lambda^*+f\eta)}\right)e^{-(\lambda^*+\eta)t} \tag{6}$$

在通风的情况下，$\lambda^* \ll \eta$ 可以认为 $\lambda^*=0$，所以在确定了 J_0（室内平均氡析出率）、S（房间内面积）、V（房间体积）、C（控制氡浓度）、$C_{外}$（新风氡浓度本底）、C_1（通风零时刻的室内氡浓度）、f（通风效率，通过实验确定）后，即可以算出不同换气次数下，达到控制氡浓度比如 $100Bq/m^3$、$200Bq/m^3$、$400Bq/m^3$ 时所需要的通风时间。

由上述推导公式算出来的不同换气次数情况下的通风时间，经过建立的实验装置氡模拟实验房验证，与实验情况基本符合。在全国各地，由于本底及通风设计不同，通风时间可能与表中的计算结果有所差异。在这种情况下，可以根据实际情况适当的延长或缩短通风时间。

参 考 文 献

[1] Pal Michel van der, Meijer, RJ, Hendriks NA . Radon transport in autoclaved aerated concrete [R]. Netherlands: Eindhoven University of Technology, 2004.

[2] De JONG P, van DIJK W, van der GRAAF E R, et al. National survey on the natural radio activity and ^{222}Rn exhalation rate of building materials in the Netherlands [J]. Health Physics, 2006, 91 (3): 200 -210.

[3] World Health Organization. Report of the 2nd meeting of the WHO international radon project [C]. Geneva: WHO Headquarters, 2006.

[4] Andersen CE. Radon -222 in soil, water and building materials: Presentation of laboratory measurement methods in use at Risø.

[5] Amrani D, Cherouati DE. Radon exhalation rate in building materials using plastic track detectors [J]. Journal of Radioanalytical and Nuclear Chemistry, 1999, 242 (2): 269 -271.

[6] Maged AF, Ashraf FA. Radon exhalation rate of some building materials used in Egypt [J]. Environmental Geochemistry and Health, October 2005, 27 (5 -6): 485 -489.

[7] Shimo MA. Flow -Type ionization chamber for measuring radon concentration in the atmospheric air, in atmospheric radon familiers and environmental radioactivity. Okada S ed. Atomic Ennergys Society of Japan Tokyo, 1985: 137 -421.

[8] Michikuni Shimo, Takao Iida, Yukimasa Ikebe. Intercomparison of Different Instruments That Measure Radon Concentration in Air. In: "Radon and Its Decay Products". American Chemical Society, 1987: 160 -171.

[9] Morawska L, Philips CR. Criteria for closed chamber measurement of radon emanation rate. In "Indoor air Pollution: Radon, Bioaerosols and VOCs" [M] Jack GK, George EK, Jay FM (editors). US: CRC Press, 1991: 201 -215.

[10] Jonassen N. The determination of radon exhalation rates [J]. Health Physics, 1983, 45 (2): 369 -376.

[11] Fourmier F, Groetz J - E, Jacob M, et al. Simulation of radon transport through building materials: influence of the water content on radon exhalation rate [J]. Transport in Porous Media, May 2005, 59 (2): 197 -214.

[12] Rogers VC, Nielson KK. Multiphase radon generation and transport in porous material [J]. Health Physics, 1991, 60 (6): 807 -815.

[13] Gadd MS, Borak TB. In - situ determination of the diffusion coefficient ^{222}Rn in concrete [J]. Health Physics, 1995, 68 (6): 817 -822.

[14] Chao CYH, Tung TCW. Radon emanation of building material - impact of back diffu-

sion and difference between one - dimensional and three - dimensional tests [J]. Health Physics, 1999, 76 (6): 675 -681.

[15] Cosma C, Dancea F, Jurcut T, et al. Determination of ^{222}Rn emanation fraction and diffusion coefficient in concrete using accumulation chambers and the influence of humidity and radium distribution [J]. Applied Radiation and Isotope, 2001, 54 (3): 467 -473.

[16] Przylibski TA. Estimating the radon emanation coefficient from crystalline rocks into groundwater [J]. Applied Radiation and Isotope, 2000, 53 (3): 473 -479.

[17] Roelofs LMM, Scholten LC. The effect of ageing, humidity and fly - ash additive on the radon exhalation from concrete [J]. Health Physics, 1994, 67 (3): 266 - 271.

[18] Yu KN, Young ECM, Chan TF, et al. The variation of radon exhalation rates from concrete surfaces of different ages [J]. Building and Environment, May 1996, 31 (3): 255 -257.

[19] Kovler K, Perevalov A, Steim V, et al. Radon exhalation of cementitious materials made with coal flyash: Part 1 - scientific background and testing of the cement and fly ash emanation [J]. Journal of Environmental Radioaetivity. 2005, 82 (3): 335 - 350.

[20] Carrera G, Garavaglia M, Magnoni S, et al. Natural radioactivity and radon exhalation in stony materials [J]. Journal of Environmet Radioactivity, 1997, 34 (2): 149 -159.

[21] Chen J, Rahman NM, Atiya IA. Radon exhalation from building materials for decorative use [J]. Journal of Environmental Radioactivity, 2010, 101 (4): 317 -322.

[22] EI - DINE NW, EI - SHERSHABY A, AHMED F, et al. Measurement of radio activity and radonexhalation rate in different kinds of marbles and granites [J]. Applied Radiation and Isotopes, 2001, 55 (6): 853 -860.

[23] Zhuo W, Iida T, Moriizumit J, et al. Simulation of the eoncentfations and distributions of indoor radon rand thoron [J]. Radialion Protection Dosimetry, 2001, 93 (4): 357 -368.

[24] Ackers JG. Direct measurement of radon exhalation from surfaces [J]. Radiation Protection Dosimetry, 1984, 7 (1 -4): 199 -201.

[25] UNSCEAR. UNSCEAR 1993 年报告—电离辐射源与效应 [R]. 北京：原子能出版社，1995.

[26] WHO. The 1st meeting of national for experts WHO's international radon project [R]. Geneva: WHO, 2005.

[27] UNSCEAR. Sources and effects of ionizing radiation [R]. Sweden: UNSCEAR, 2000.

[28] World Health Organisation, WHO. Handbook on Indoor Radon: A Public Health Per-

spective [R]. Geneva: WHO, 2009.
[29] 中华人民共和国国家标准. GB 50189—2015 公共建筑节能设计标准 [S]. 北京: 中国建筑工业出版社, 2015.
[30] 中华人民共和国国家标准. GB 50325—2010 (2013 年版) 民用建筑工程室内环境污染控制规范 [S]. 北京: 中国计划出版社, 2011.
[31] 中华人民共和国国家标准. GB 11968—2006 蒸压加气混凝土砌块 [S]. 北京: 中国标准出版社, 2006.
[32] 中华人民共和国国家标准. GB 6566—2010 建筑材料放射性核素限量 [S]. 北京: 中国标准出版社, 2002.
[33] 中华人民共和国行业标准. JGJ 75—2012 夏热冬暖地区居住建筑节能设计标准 [S]. 北京: 中国建筑工业出版社, 2013.
[34] 中华人民共和国行业标准. JGJ 134—2010 夏热冬冷地区居住建筑节能设计标准 [S]. 北京: 中国建筑工业出版社, 2011.
[35] 中华人民共和国行业标准. GBZ 116—2002 地下建筑氡及其子体控制标准 [S]. 北京: 法律出版社, 2002.
[36] 中华人民共和国地方标准. DBJT08—108—2008 铝合金节能窗 [S]. 北京: 中国建筑工业出版社, 2015.
[37] 白郁华. 室内环境质量调查 [M]. 北京: 原子能出版社, 1998: 35 - 36.
[38] 刘培源, 姚杨, 王清勤, 等. 地下空间氡的产生机理及通风控制 [J]. 建筑热能通风空调, 2006, 3 (25): 64 - 68.
[39] 郑天亮, 周竹虚, 尚兵. 建筑工程防氡技术 [M]. 北京: 北京航空航天大学出版社, 2006: 115 - 127.
[40] 赵静芳. 上海市室内氡浓度水平与建材氡析出率的研究 [D]. 上海: 复旦大学放射医学研究所, 2009.
[41] 吴自香. 室内氡及其控制 [J]. 中国职业医学, 2002, 29 (5): 52 - 54.
[42] 吴慧山, 林玉飞, 白云生, 常桂兰. 氡测量方法与应用 [M], 北京: 原子能出版社, 1995.
[43] 曹杰. 室内氡的危害及控制措施 [J]. 山西建筑, 2002, 28 (4): 154 - 155.
[44] 黄强. 城市地下空间开发利用关键技术指南 [M]. 北京: 中国建筑工业出版社, 2005.
[45] 常桂兰. 氡与氡的危害 [J]. 铀矿地质, 2002, 3: 122 - 127.
[46] 王作元等. 氡致肺癌的相对危险度 [J]. 中华放射医学与防护杂志, 2001, 21 (5): 395 - 396.
[47] 张智慧. 空气中氡及其子体的测量方法 [M]. 北京: 原子能出版社, 1994.
[48] 任天山. 室内氡的来源、水平和控制 [J]. 辐射防护, 2001, 21 (5): 291 - 299.
[49] 田志谦, 冯曰端, 袁代光. 地下工程中氡及空气离子环境急待改善 [J]. 地下空间, 1988, 3: 60 - 67.

[50] 李晓燕，郑宝山，王燕，等. 我国部分城市地下工程空气中的氡水平 [J]. 辐射防护，2007，27 (6)：368 - 374.
[51] 刘鸿诗，张亮，李莹，等. 湖北、湖南、江西、浙江和安徽省石煤矿区碳化砖房室内、室外氡浓度调查研究 [J]. 辐射防护通讯，2005，25 (6)：29 - 32.
[52] 尚兵. 我国室内氡的水平、来源及变化趋势 [G] //香山科学会议第 304 次会议讨论会：氡及其子体健康危害与控制. 2007：16.
[53] 张强，邓跃全，董发勤，等. 工业废渣基建材的氡放射性污染及防护的研究现状与展望 [J]. 材料导报. 2007，10 (21)：10，79 - 83.
[54] 刘福东，潘自强，刘森林. 关于在建材放射性含量标准中增加氡析出率控制指标的建议 [J]. 辐射防护，2010，3 (30)：108 - 112.
[55] 车轩. 建筑材料析出氡的检测方法 [J]. 科技促进发展，2009，5，7.
[56] 刘福东，潘自强，刘森林，等. 建筑材料表面氡析出率变化 [J]. 原子能科学技术，2009，43 (3)：271 - 274.
[57] 林莲卿. 建筑物表面氧析出率的直接探测技术 [J]. 核电子学与探测技术，1987，5 (7)：76 - 81.
[58] 刘小松，丘寿康. 一种较准确而快速测量氡析出率的方法 [J]. 辐射防护，2007，3 (27)：156 - 162.
[59] 肖德涛，谭延亮，赵桂芝，等. 开环是测量氡析出率的方法研究 [A]. 第三次全国天然辐射照射与控制研讨会论文集 [C]. 包头：环保部核安全管理司，2010，271 - 274.
[60] 赵静芳. 上海市室内氡浓度水平与建材氡析出率的研究 [D]. 上海：复旦大学，2009.
[61] 赵桂芝. 土壤氡被动连续测量方法的研究 [D]. 湖南：南华大学 . 2007.
[62] 赵桂芝. 土壤氡浓度的测量方法现状 [J]. 核电子学与探测技术，2007，27 (3)：583 - 587.
[63] 孔令昌，等. GDK - 1 型自动测氡仪的研制和应用 [J]. 地震地磁观测与研究，2004，25 (6)：79.
[64] 苟全录. 氡及其子体测量方法简介 [J]. 辐射防护通讯，1994，14 (6)：34.
[65] 林莲卿，等. 被动式活性炭室内累积探测器的研究 [J]. 辐射防护，1986. 6 (1)：1.
[66] 魏素遐. 两种改进型氡采样器性能试验 [J]. 中国辐射防护研究院年报，1992.
[67] 张哲. 氡的析出与排氡通风 [M]. 北京：原子能出版社，1982.
[68] 李万伟，刘兴荣，李晓红. 密闭环境中温度和湿度对地砖氡析出率影响 [J]. 中国公共卫生，2006，6 (22)：711 - 712.
[69] 张强，邓跃全，古咏梅等. 建材制品中测定氡的影响因素及其在防氡建材分析中的应用 [J]. 核技术，2007，3 (30)：236 - 240.
[70] 张磊. 关于建材氡析出率及其测量的一点思考 [A]. 第三次全国天然辐射照射与控制研讨会论文集 [C]. 包头：环保部核安全管理司，2010：271 - 274.

[71] 陈凌，谢建伦，黄隆. 氡面析出率的测量及相关因素的考虑 [J]. 辐射防护通讯，1998，18 (6)：28 - 30.

[72] 孙浩，符适，吴建华. 建筑材料表面氡析出率的变化及新风换气对室内氡浓度的影响 [A]. 第七届绿色建筑与建筑节能大会论文集 [C]. 北京：中国城市科学研究会，2011：165 - 168.

[73] 雷兴，张磊，郭秋菊. 密闭腔体法准确测量建材氡析出率比较研究 [J]. 辐射防护，2011，31 (1)：13 - 16.

[74] 吴建华，孙浩，符适，等. 加气混凝土砌块表面氡析出率影响因素研究 [J]. 原子能科学技术，待发表.

[75] 罗刚，王喜元，张阳，等. 建材氡析出率模拟试验房 [P]. 中国专利：200920262237.1，2009 - 12 - 30.

[76] 罗刚，王喜元，张阳，等. 建材氡析出率测试舱 [P]. 中国专利：200920261353.1，2009 - 12 - 14.

[77] 郑天亮，周竹虚，尚兵. 建筑工程防氡技术 [M]. 北京：北京航空航天大学出版社，2006：115 - 127.

[78] 刘翠红. 内照射剂量评价研究 [D]. 北京：北京大学，2009.

[79] 彭琛，燕达，周欣，胡姗. 提高建筑气密性适应性研究 [A]. 全国暖通空调制冷 2010 年学术年会资料集 [C]，杭州：中国建筑学会暖通空调分会，2010.

[80] 陈宇红，李云龙，黄晓天，王喜元. 民用建筑气密牲对室内污染物浓度影响的研究 [J]. 质量检测，2009，27 (11)：117 - 119.

[81] 王榆元，冀东. 含水率对建材砖氡析出率的影响 [J]. 核电子学与探测技术. 2010，30 (2)：285 - 287.

[82] 刘小松，刘纯魁. 铀矿石湿度对氡析出率影响的研究 [J]. 铀矿冶，2004，23 (3)：163 - 165.

[83] 陈以彬，陈代富，张波，等. 中国部分城市饮用水中氡的含量 [J]. 中华放射医学与防护杂志，1994，14 (6)：366 - 369.